Jean Tshimanga Ilunga

Etude de deux codes de la méthode quasi Newton à mémoire limitée

Jean Tshimanga Ilunga

Etude de deux codes de la méthode quasi Newton à mémoire limitée

Application à l'assimilation de données en océanographie

Presses Académiques Francophones

Impressum / Mentions légales
Bibliografische Information der Deutschen Nationalbibliothek: Die Deutsche Nationalbibliothek verzeichnet diese Publikation in der Deutschen Nationalbibliografie; detaillierte bibliografische Daten sind im Internet über http://dnb.d-nb.de abrufbar.
Alle in diesem Buch genannten Marken und Produktnamen unterliegen warenzeichen-, marken- oder patentrechtlichem Schutz bzw. sind Warenzeichen oder eingetragene Warenzeichen der jeweiligen Inhaber. Die Wiedergabe von Marken, Produktnamen, Gebrauchsnamen, Handelsnamen, Warenbezeichnungen u.s.w. in diesem Werk berechtigt auch ohne besondere Kennzeichnung nicht zu der Annahme, dass solche Namen im Sinne der Warenzeichen- und Markenschutzgesetzgebung als frei zu betrachten wären und daher von jedermann benutzt werden dürften.

Information bibliographique publiée par la Deutsche Nationalbibliothek: La Deutsche Nationalbibliothek inscrit cette publication à la Deutsche Nationalbibliografie; des données bibliographiques détaillées sont disponibles sur internet à l'adresse http://dnb.d-nb.de.
Toutes marques et noms de produits mentionnés dans ce livre demeurent sous la protection des marques, des marques déposées et des brevets, et sont des marques ou des marques déposées de leurs détenteurs respectifs. L'utilisation des marques, noms de produits, noms communs, noms commerciaux, descriptions de produits, etc, même sans qu'ils soient mentionnés de façon particulière dans ce livre ne signifie en aucune façon que ces noms peuvent être utilisés sans restriction à l'égard de la législation pour la protection des marques et des marques déposées et pourraient donc être utilisés par quiconque.

Coverbild / Photo de couverture: www.ingimage.com

Verlag / Editeur:
Presses Académiques Francophones
ist ein Imprint der / est une marque déposée de
AV Akademikerverlag GmbH & Co. KG
Heinrich-Böcking-Str. 6-8, 66121 Saarbrücken, Deutschland / Allemagne
Email: info@presses-academiques.com

Herstellung: siehe letzte Seite /
Impression: voir la dernière page
ISBN: 978-3-8381-7639-0

Etude de deux codes de la méthode quasi Newton à mémoire limitée

Application à l'assimilation de données en océanographie

Jean TSHIMANGA Ilunga

Juin 2002

ii

Table des matières

Dédicace

Je dédie ce travail à ma très chère amie et épouse, Nene, ainsi qu'à nos deux enfants, Kevin et Harris.

Remerciements

En tout premier lieu, mes remerciements et sentiments de gratitude se dirigent vers un ami, un vrai. Il n'est nul doute que sans tout son appui, dans tous les sens que cela peut s'entendre, la réalisation de ce travail n'aurait été que chimérique. Bon comme le pain, plein de vie et de joie, symbole vivant et incontestable d'altruisme, l'ami, c'est Marcel Rémon.

Je dirige ensuite ma reconnaissance vers les deux promoteurs de ce travail : Annick Sartenaer et Andrea Piacentini. La première, d'une gentillesse remarquable doublée du sens de l'autre, elle a dirigé ce travail dans un total climat de confiance et de liberté. J'ai bénéficié de beaucoup d'autonomie dans mes démarches de réalisation de ce travail. La pertinence de ses remarques m'a toujours marqué. Merci à elle de m'avoir initié à l'optimisation non linéaire. Le deuxième, esprit vif, large sourire et serviable à souhait, il m'a révélé l'anatomie de son « PALM ». Chercheur infatigable, il m'a toujours donné le secours technique et scientifique dont j'avais besoin. Merci à lui de m'avoir ouvert une fenêtre sur le monde de l'assimilation de données.

Que la famille Banza Kamwanga qui m'a invité dans sa demeure trouve ici mes remerciements tout autant mérités. Sens de famille par dessus tout, mon cousin et ami Michel Banza m'a soutenu pendant les périodes noires de solitudes. Sa tendre et charmante épouse, simple et accueillante, a pleinement joué le rôle d'une belle sœur. Je tiens à leurs exprimer ici toute ma gratitude.

Que tous les amis qui m'ont apporté un soutien particulier pendant mon séjour d'études acceptent mes remerciement. Je pense tout particulièrement à Nathalie Mweze, Frumence Mayala, Benoît Colson, Sylvie Jancart et à tous les « Crutiens ».

Enfin, je remercie les autorités de l'Université de Mbujimayi pour m'avoir accordé le temps d'un détachement en vue d'accomplir cette tâche.

Résumé/Abstract

*L'objectif de ce travail est de comparer d'un point de vue théorique et ex-
périmental deux implémentations différentes d'un même algorithme basé sur
une méthode quasi Newton à mémoire limitée. Il s'agit d'un algorithme de
minimisation numérique non linéaire sans contraintes adapté à la résolution
de problèmes de grande taille. Le domaine d'application est l'assimilation de
données en océanographie. L'expérimentation numérique s'est faite sur un
modèle de prévisions océanographiques relativement simple, le Shallow Water, avec un jeu de données préalablement fourni. Si la comparaison théorique
révèle des divergences pertinentes entre les deux implémentations, les expériences menées montrent, par contre, que le jeu de données généré sous des
conditions particulières ne permet pas de mettre des différences de performances suffisamment en relief.*

Mots-clés : optimisation non linéaire, méthode quasi Newton à mémoire
limitée, algorithmique numérique, assimilation de données, océanographie
physique.

*The aim of this work is to compare theoretically and experimentally two
implementations of the same algorithm based on a limited memory quasi
Newton method. This type of algorithm for numerical minimization without
constraints is well adapted to the solution of large scale problems. The application domain is the data assimilation in oceanography. Numerical expe-
rimentation has been done with a relatively simple model of prevision, the
Shallow Water, using a given set of data. The theoretical comparison shows
pertinent differences between the two implementations while the experiments
show that the given set of data does not allow to sufficiently perceive differences of performances.*

Key words : nolinear optimization, limited memory quasi Newton method, numerical algorithmic, data assimilation, physical oceanography.

Abréviations et sigles

3DFGAT	Three Dimensional First-Guess at Appropriate Time
3DVar	Three Dimensional Variational
4DVar	Four Dimensional Variational
4DInc	4DVar avec opérateurs linéarisés
BFGS	Méthode quasi Newton baptisée des noms de ses auteurs : Broyden, Fletcher, Goldbarb et Shanno
CERFACS	Centre Européen de Recherche et Formation Avancées en Calcul Scientifique.
DIS	Diagonal Initial Scaling
FORTRAN	FORmula TRANslation
LBFGS	Limited-memory BFGS
MERCATOR	Projet français de prévision océanographique baptisé du nom de l'illustre océanographe Belge, MERCATOR
M1QN3	Code de minimisation de classe 1, quasi Newton, version 3
M1QNW	Version de A. WEAVER du code M1QN3
PALM	Projet d'Assimilation par Logiciel Multi-méthodes
SIS	Scalar Initial Scaling
SW	Shallow Water
FLOPS	FLoating point Operations Per Second
MFLOPS	Mega FLOPS
GFLOPS	Gyga FLOPS
SGI	Silicon Graphics Incorporation

Principaux symboles utilisés

0.1 Variables et fonctions

$\vec{x}$: vecteur d'état

x : vecteur, $\vec{x}$, si pas risque de confusion avec la variable spatiale x

δ_x : incrément du vecteur x par rapport à une variable de référence

x, y : variables spatiales

t : variable temporelle

α : longueur du pas de recherche linéaire

α_- : borne inférieure de l'intervalle de confiance

α_+ : borne supérieure de l'intervalle de confiance

J : fonction coût

ϕ : dérivée directionnelle de la fonction coût

p_k : direction de recherche linéaire

0.2 Indices et exposants

$(.)_j$: indice de la discrétisation du temps

$(.)_{r,s}$: indices des éléments des matrices des covariances d'erreurs

$(.)^o$: exposant relatif aux observations

$(.)^b$: exposant relatif à l'ébauche

$(.)^{\eta,\mu}$: exposants de la discrétisation des variables spatiales x et y

$(.)_k$: indice de la boucle de minimisation

$(.)_i$: indice de la boucle de recherche linéaire

0.3   Opérateurs et matrices

∇ : opérateur gradient d'une fonction

∇^2 : opérateur hessien d'une fonction

B : matrice des covariances d'erreurs d'ébauche

B   : approximation de la matrice Hessienne

R : matrice des covariances d'erreurs d'observations

$\mathcal{H}_j$: opérateur d'observations à l'instant t_j

$\mathbf{H}_j$: opérateur d'observations linéarisé

$\mathbf{H}_k$: inverse de l'approximation de la matrice Hessienne

$\mathcal{M}_{t_0,t_j}$: opérateur modèle de prévision

M   : modèle de prévision linéarisé

Δ : Laplacien d'un champs scalaire

$\triangle$: pas de discrétisation

F : opérateur non linéaire décrivant la dynamique du système

F' : Jacobien de l'opérateur F

$\delta(.)$: opérateur de perturbation

$(.)^T$: opérateur de transposition

$(.)^*$: opérateur d'adjonction

∂ : opérateur de différentiation partielle

0.4   Grandeurs physiques

u : composante de la vitesse selon x

v : composante de la vitesse selon y

h : hauteur de l'eau

τ : coefficient de vent

ζ : vitesse relative

ν : le coefficient de viscosité latéral de Eddy

g : constante gravitationnelle

r : coefficient de friction linéaire

ρ_0 : coefficient de torsion

P : potentiel de Bernoulli

f : facteur de Coriolis

Introduction

L'assimilation de données est un procédé visant à fournir la meilleure estimation de l'état initial d'un système modélisé. Les données de départ sont constituées d'une part d'un jeu d'observations des grandeurs physiques caractérisant le système, et d'une ébauche, d'autre part. Celle-ci est, en général, le résultat d'une prévision antérieure coïncidant avec le début de la période d'assimilation. Les méthodes d'assimilation dites variationnelles formulent le problème de l'assimilation comme un problème de minimisation d'une fonction coût qui exprime l'écart entre l'état initial recherché et, d'une part, l'ébauche, d'autre part, les observations. Cet état initial doit éventuellement vérifier certaines contraintes. Ces méthodes diffèrent entre elles par l'approche de la formulation de la fonction coût (fonction à minimiser) qui peut conduire à une fonction quadratique ou non.

Le Projet d'Assimilation par Logiciel Multi-méthodes (PALM), au sein duquel le présent travail a vu le jour, trouve son contexte dans le projet français d'océanographie opérationnelle, MERCATOR. La mission du projet PALM est de mettre au point un logiciel servant à coupler les unités fonctionnelles d'une chaîne d'assimilation. Parmi ces unités fonctionnelles, on retrouve bien entendu un code de minimisation numérique.

Les différents algorithmes de minimisation procèdent par évaluations itératives de la fonction coût et de son gradient. Ainsi donc, pour les applications de grande taille, comme la modélisation de l'atmosphère ou de l'océan, l'évaluation de la fonction coût et de son gradient (par le biais des techniques dites adjointes) sont des procédures très coûteuses. Il est donc nécessaire de disposer d'outils de minimisation très performants pour accélérer la convergence du processus d'assimilation. Il en découle que deux directions de recherche peuvent être considérées. Le premier axe concerne le choix d'algorithmes d'optimisation adaptés à des problèmes de grande taille et aux caractéristiques de la fonction coût formulée pour le problème donné. Deuxièmement, il s'agit de raffiner la formulation du problème d'optimisation pour exploiter le plus grand nombre d'informations en vue d'accélérer la convergence (changement de variable, formulations à résolution variable dites multi-incrémentales, etc.).

Ce travail se concentre sur le premier aspect : deux codes de minimisation adaptés à la résolution des problèmes de grande taille sont comparés théoriquement puis expérimentalement. Les expériences ont été réalisées sur une chaîne d'assimilation appliquée à un modèle de prévision simple, le Shallow Water. L'implantation modulaire de cette chaîne utilise le logiciel coupleur PALM. Ce coupleur permet de passer facilement d'une formulation quadratique à une formulation non quadratique et de choisir le code de l'algorithme de minimisation. Le jeu de données fourni permet de rester dans les conditions d'existence et d'unicité de la solution des équations aux dérivées partielles du modèle de prévision.

La principale difficulté rencontrée tout au long de ce travail est à mettre sur le compte du contexte historique lié aussi bien à la méthodologie qu'au langage de programmation (FORTRAN 77) utilisés à l'époque de l'élaboration des deux implémentations.

Outre l'introduction, la conclusion, les perspectives et les annexes, ce travail est articulé autour de six chapitres.

- Le premier chapitre présente le concept d'assimilation de données, trois différentes approches de formulation de la fonction coût ainsi que l'expression du gradient correspondant obtenue par les techniques adjointes.
- Le deuxième chapitre aborde brièvement la question des données du problème d'assimilation (c'est-à-dire l'ébauche et les observations). En particulier, au centre de la question, sont les erreurs associées à ces informations ainsi que les transformations nécessaires pour s'affranchir de l'hétérogénéité entre les observations et l'état du modèle du système.
- Le troisième chapitre fournit les équations du modèle océanographique simple, le Shallow Water. En outre, ce chapitre évoque la question d'existence et d'unicité de la solution puis celle de la convergence et la stabilité de la méthode de résolution numérique utilisée.
- Le quatrième chapitre explique, dans ses grandes lignes, la méthode de minimisation numérique des problèmes de grande taille dite quasi Newton à mémoire limitée.
- Le cinquième chapitre analyse les différences mais aussi les rapprochements de deux implémentations de la méthode quasi Newton à mémoire limitée.
- Le chapitre six, pour sa part, tente de s'appuyer sur l'expérimentation numérique pour établir une comparaison entre les deux implémentations. L'expérimentation utilise le modèle Shallow Water avec un jeu de données particulier. Les résultats sont interprétés sur base des aspects abordés dans les chapitres précédents.

Première partie

Aspects théoriques

Chapitre 1

Formulations du problème d'assimilation de données

Le problème d'assimilation de données en météorologie ou en océanographie peut être décrit comme un problème d'estimation de la condition initiale des équations aux dérivées partielles (déduites de la mécanique des fluides, de la thermodynamique. . .) gouvernant l'évolution du système étudié. Ces équations aux dérivées partielles ou leur intégration constituent le modèle de prévision [2]. Le résultat de l'assimilation de données est appelé état analysé ou parfois analyse. Le terme analyse est utilisé également pour désigner la trajectoire obtenue par intégration du modèle en posant comme condition initiale, l'état analysé. Les observations de grandeurs physiques atmosphériques ou océanographiques (température, vitesse des vents, pression, humidité, etc.) réparties dans l'espace et le temps constituent des données numériques du problème d'assimilation. Cependant, dans la pratique, ces données ne suffisent pas à elles-seules pour permettre la détermination du problème d'assimilation, étant donné leur faible nombre par rapport à la taille du problème qui est comprise ici dans le sens du nombre d'inconnues à déterminer. Vu le degré de liberté résultant, il est fait a priori usage d'un ensemble de données supplémentaires, appelé ébauche, qui est le plus souvent le résultat d'une prévision antérieure coïncidant avec le début de la période d'assimilation [1]. Cette démarche permet alors de surdéterminer le problème d'assimilation de données qui devient ainsi une question de moindres carrés. La question est alors de la forme : « quelle est la condition initiale pour laquelle la trajectoire du modèle passe le plus près possible des observations et de l'ébauche ? ». D'où, l'apparition du concept de minimisation de distances ainsi que l'intervention du modèle de prévision dans l'assimilation de données.

1.1 Approches variationnelles du problème d'assimilation de données

L'état de l'atmosphère ou de l'océan est décrit par un certain nombre de grandeurs physiques évoluant en fonction des points du domaine spatial occupé par le système étudié et de la période temporelle. Ces grandeurs peuvent être considérées comme les composantes d'un vecteur appelé vecteur d'état et noté $\vec{x}$, de dimension n. Le nombre de ces grandeurs détermine la dimension du vecteur. L'ensemble de valeurs possibles du vecteur d'état de l'atmosphère ou de l'océan est appelé espace du modèle. On comprend que les résultats d'une prévision et partant l'ébauche aussi, appartiennent naturellement à l'espace ainsi défini.

L'assimilation de données pourrait se traduire en terme de minimisation d'une fonction coût qui tient compte des distances d'une part entre l'état du modèle et les observations et d'autre part entre l'état du modèle et l'ébauche. Les distances sont pondérées par l'inverse des matrices des covariances d'erreurs respectivement d'observations et d'ébauche.

1.1.1 Prise en compte des observations

Les observations (ensembles finis de mesures sur le système étudié) disponibles aux instants t_j vont être regroupées dans les vecteurs d'observations [1] $y^o(t_j)$. A chacun des N instants t_j, les observations sont généralement de nature et nombre différents. Les vecteurs d'observations appartiennent à d'autres espaces que celui du modèle [2]. Cette situation impose d'effectuer des transformations adéquates sur les variables d'état afin de rendre possible leur comparaison aux vecteurs d'observations. C'est le rôle des opérateurs dit d'observations [2] $\mathcal{H}_{t_j}$. L'opérateur $\mathcal{H}_j$ applique donc l'espace du modèle sur l'espace des observations correspondant à l'instant t_j. La dimension du vecteur d'observations à l'instant t_j vaut m_j avec, en général, $m_j < n$, n étant la dimension de l'espace du modèle de prévision.

L'expression générale de la fonction coût comprend deux termes représentant respectivement la distance de l'état du modèle par rapport à l'ébauche et la distance de l'état du modèle par rapport aux observations. Ces termes s'écrivent :

$$J(x(t_0)) = \frac{1}{2}[x(t_0) - x^b]^T B^{-1}[x(t_0) - x^b]$$
$$+ \frac{1}{2}\sum_{j=0}^{N}[\mathcal{H}_j(x(t_j)) - y_j^o]^T R_j^{-1}[\mathcal{H}_j(x(t_j)) - y_j^o], \qquad (1.1)$$

---

1. Dans le souci d'alléger la notation, on écrira y_j^o pour désigner $y^o(t_j)$.
2. $\mathcal{H}_{t_j}$ sera aussi remplacé par $\mathcal{H}_j$.

avec :

$J(.)$: fonction coût ;

t_0 : instant initial ;

t_j : instant j selon la discrétisation temporelle ;

$x(t_0)$: vecteur de l'état du modèle à l'instant initial ($\in \mathbb{R}^{m_j}$) ;

$x(t_j)$: vecteur de l'état du modèle à l'instant t_j ($\in \mathbb{R}^{m_j}$) ;

x^b : vecteur d'ébauche ($\in \mathbb{R}^n$) ;

y_j^o : vecteur d'observations ($\in \mathbb{R}^{m_j}$) lié à l'instant t_j ;

$\mathcal{H}_j$: opérateur d'observations lié à l'instant t_j (de $\mathbb{R}^n$ vers $\mathbb{R}^{m_j}$) ;

B : matrice des covariances d'erreurs de l'ébauche ($\in \mathbb{R}^{n \times n}$) ;

R_j : matrice des covariances d'erreurs d'observations ($\in \mathbb{R}^{m_j \times m_j}$) ;

N : nombre d'instants t_j ;

n : dimension du vecteur d'état ;

m_j : dimension du vecteur d'observations lié à l'instant t_j.

Le problème à résoudre est de trouver le vecteur x_a de l'état analysé, tel que :

$$x_a = \arg \min_{x(t_0) \in \mathbb{R}^n} J(x(t_0)) \qquad (1.2)$$

1.1.2   Prise en compte du modèle

La prévision apparaît comme l'application d'un opérateur M_{t_0, t_j} à un état initial donné $\vec{x}(t_0)$ de l'espace du modèle et produisant comme résultat $\vec{x}(t_j)$, le vecteur d'état à l'instant t_j appartenant également à ce même espace. On conçoit que cet opérateur dépende de t_0 et t_j. En fait, l'opérateur n'est rien d'autre que l'expression du modèle obtenue par intégration d'un ensemble d'équations aux dérivées partielles décrivant l'évolution du système. Ces équations s'écrivent sous la forme synthétique suivante [3] :

$$\boxed{\frac{d\vec{x}(t)}{dt} = F(\vec{x})} \qquad (1.3)$$

où t est la variable temporelle, $\vec{x}(t) = \vec{x}(t, x, y, z)$ représente le vecteur d'état du modèle à l'instant t et (x, y, z), les coordonnées spatiales [3].

La prise en compte du modèle peut être à contraintes fortes ou à contraintes faibles. Dans le premier cas, la formulation considère que le modèle est parfait et le problème revient à chercher $x(t_0)$ et tous les $x(t_j)$ dérivent

---

3. Dans la suite, le vecteur $\vec{x}(t, x, y, z)$ d'état sera noté tout simplement $x(t)$ lorsqu'il n'y aura pas de risque de confusion avec l'abscisse x.

de $x(t_0)$ par le biais de l'opérateur $\mathcal{M}_{t_0,t_j}$. L'opérateur $\mathcal{M}_{t_0,t_j}$ s'applique à $x(t_0)$ pour donner

$$\boxed{x(t_j) = \mathcal{M}_{t_0,t_j}[x(t_0)]}.\qquad(1.4)$$

On convient d'appeler l'opérateur $\mathcal{M}_{t_0,t_j}$, modèle intégré alors que les équations aux dérivées partielles représentent le modèle différentiel.

Le deuxième cas tient compte du fait que le modèle peut contenir des erreurs. Les $x(t_j)$ sont alors libres d'évoluer plus ou moins indépendamment avec néanmoins une relation qui leur impose de rester proches de ce que le modèle aurait prédit à partir de $x(t_0)$.

1.2   Approche 4DVar

Dans l'approche 4DVar, les $x(t_j)$ sont soumis à la contrainte de la dynamique du système [7, 1], c'est-à-dire qu'ils doivent satisfaire l'équation (1.4). Ainsi, le modèle intégré, remplacé dans la formulation générale de la fonction coût(1.1), conduit à :

$$\begin{aligned}
J(x(t_0)) =& \frac{1}{2}[x(t_0) - x^b]^T B^{-1}[x(t_0) - x^b] \\
&+ \frac{1}{2}\sum_{j=0}^{N}[\mathcal{H}_j(\mathcal{M}_{t_0,ti}(x(t_0))) - y_j^o]^T \\
&R_j^{-1}[\mathcal{H}_j(\mathcal{M}_{t_0,tj}(x(t_0))) - y_j^o].
\end{aligned}\qquad(1.5)$$

Courtier et al. [5] ont proposé de considérer l'ébauche comme un état de référence pour la condition initiale. On définit alors les incréments [4] par :

$$\begin{aligned}
\delta_{x_0} &= x(t_0) - x^b, \\
\delta_{x_j} &= \mathcal{M}_{t_0,t_j}(x(t_0)) - \mathcal{M}_{t_0,t_j}(x^b) \\
&= \mathcal{M}_{t_0,t_j}(x^b + \delta_{x_0}) - \mathcal{M}_{t_0,t_j}(x^b).
\end{aligned}$$

On désigne par trajectoire de référence, l'ensemble des valeurs prises par le vecteur d'état du modèle au cours du temps en intégrant le modèle différentiel pour une condition initiale égale à la référence, ici, l'ébauche.

L'utilisation de l'incrément δ_{x_0} comme nouvelle variable de contrôle donne

---

4. La notation δ_x utilisée pour désigner l'incrément de la variable x est très proche de la l'écriture δx, employée pour noter la perturbation de la même variable x ; on se gardera de ne pas les confondre.

à la fonction à minimiser la forme

$$
\begin{aligned}
J(\delta_{x_0}) = {} & \frac{1}{2}(\delta_{x_0})^T B^{-1}(\delta_{x_0}) \\
& + \frac{1}{2}\sum_{j=0}^{N}[\mathcal{H}_j(\mathcal{M}_{t_0,t_j}(x^b+\delta_{x_0})) - y_j^o]^T R_j^{-1} \\
& [\mathcal{H}_j(\mathcal{M}_{t_0,t_j}(x^b+\delta_{x_0})) - y_j^o].
\end{aligned}
\tag{1.6}
$$

On note, en ce qui concerne l'approche 4DVar, que

- la fonction coût est non quadratique du fait que l'opérateur du modèle aussi bien que celui d'observations ne sont pas linéaires ;
- l'incrément à l'instant initial (par rapport à l'ébauche) est propagé par le modèle au niveau des instants t_j ;
- lorsqu'on effectue un processus répétitif d'évaluation de la fonction coût, pour un même état de référence mais avec un incrément différent, il est nécessaire d'intégrer tout le modèle de l'instant initial aux différents instants t_j à chaque itération. La justification repose sur la présence du terme $\mathcal{M}_{t_0,t_j}(x^b+\delta_{x_0})$ dont l'argument contient δ_{x_0}.

1.3 Approche 4DInc

Dans la formulation 4DInc, on reprend l'expression (1.6) de la fonction coût définie dans l'approche précédente à la différence que les opérateurs d'observations et de prévisions sont linéarisés

$$
\begin{aligned}
\mathcal{M}_{t_0,t_j}(x^b+\delta_{x_0}) &\approx \mathcal{M}_{t_0,t_j}(x^b) + \mathrm{M}_{t_0,t_j}\delta_{x_0}, \tag{1.7}\\
\mathcal{H}_j(\mathcal{M}_{t_0,t_j}(x^b+\delta_{x_0})) &\approx \mathcal{H}_j(\mathcal{M}_{t_0,t_j}(x^b) + \mathrm{M}_{t_0,t_j}\delta_{x_0}\\
&\approx \mathcal{H}_j(\mathcal{M}_{t_0,t_j}(x^b)) + \mathrm{H}_j\mathrm{M}_{t_0,t_j}\delta_{x_0}), \tag{1.8}
\end{aligned}
$$

où $\mathcal{M}_{t_0,t_j}$ est linéarisé autour de x^b et $\mathcal{H}_j$ linéarisé autour de $\mathcal{M}_{t_0,t_j}(x^b)$. Les opérateurs matriciels M_{t_0,t_j} et H_j sont respectivement les Jacobiens des opérateurs $\mathcal{M}_{t_0,t_j}$ au point x^b et $\mathcal{H}_j$ en $\mathcal{M}_{t_0,t_j}(x^b)$.

On remarque que l'opérateur matriciel M_{t_0,t_j} n'est rien d'autre que la forme intégrée de l'équation :

$$
\frac{d\delta x}{dt} = F'(t)\delta x,
\tag{1.9}
$$

$F'(t)$ étant le Jacobien de l'opérateur $F(x)$ apparaissant dans l'équation synthétique (1.3) d'évolution du système [3]. L'équation ci-dessus, déduite de cette forme condensée de l'équation du modèle direct, de même que l'opérateur correspondant M_{t_0,t_j}, sont appelés modèles linéaires tangents. La première étant différentielle et le second, intégré. On pose :

$$\begin{aligned}
\delta_{x_j} &= \mathcal{M}_{t_0,t_j}(x(t_0)) - \mathcal{M}_{t_0,t_j}(x^b) \\
&\approx M_{t_0,t_j}\delta_{x_0}.
\end{aligned} \tag{1.10}$$

L'expression de la fonction coût devient :

$$\boxed{\begin{aligned}
J(\delta_{x_0}) &= \frac{1}{2}(\delta_{x_0})^T B^{-1}(\delta_{x_0}) \\
&+ \frac{1}{2}\sum_{j=0}^{N}[\mathcal{H}_j(\mathcal{M}_{t_0,t_j}(x^b)) + H_j M_{t_0,t_j}\delta_{x_0} - y_j^o]^T R_j^{-1} \\
&[\mathcal{H}_j(\mathcal{M}_{t_0,t_j}(x^b)) + H_j M_{t_0,t_j}\delta_{x_0} - y_j^o].
\end{aligned}} \tag{1.11}$$

Si on convient de noter

$$d_j = \mathcal{H}_j(\mathcal{M}_{t_0,t_j}(x^b)) - y_j^o, \tag{1.12}$$

l'expression (1.11) donne :

$$\boxed{\begin{aligned}
J(\delta_{x_0}) &= \frac{1}{2}(\delta_{x_0})^T B^{-1}(\delta_{x_0}) \\
&+ \frac{1}{2}\sum_{j=0}^{N}[H_j M_{t_0,t_j}\delta_{x_0} + d_j]^T R_j^{-1}[H_j M_{t_0,t_j}\delta_{x_0} + d_j].
\end{aligned}} \tag{1.13}$$

Dans cette nouvelle formulation du problème d'assimilation, on constate que :

- la fonction coût est quadratique en δ_{x_0} ;
- en principe, pour une nouvelle valeur de l'incrément, le modèle n'est pas réintégré (recalculé), ce sont les Jacobiens qui propagent la nouvelle valeur de l'incrément aux différents instants t_j ;
- comme les opérateurs sont linéarisés, il est nécessaire, dans un calcul itératif de la fonction coût, de mettre périodiquement à jour le point autour duquel la linéarisation de $\mathcal{M}$, et partant celle de $\mathcal{H}$, sont effectuées.

L'incrément δ_{x_0} est censé changer de valeur au cours des itérations dans le processus de minimisation de la fonction coût. Il en résulte une diminution de la validité de l'approximation quadratique de cette fonction. Il est donc important d'effectuer des mises à jour périodiques de la linéarisation des opérateurs autour de nouvelles valeurs de référence prenant en compte la dernière valeur de l'incrément δ_{x_0}. En d'autres termes, il s'agit de corriger périodiquement la référence.

1.4 Approche 3DFGAT

Dans l'approche 3DFGAT, le modèle linéarisé est remplacé par la matrice identité [11]. Ceci conduit à accepter l'approximation qui pose que l'incrément est le même à tous les instants t_j. Comme le Jacobien M_{t_0,t_j} est représenté par une matrice identité, il vient :

$$\delta_{x_j} = \delta_{x_0} = \mathrm{M}_{t_0,t_j}\delta_{x_0}, \tag{1.14}$$

$$\mathcal{M}_{t_0,t_j}(x^b + \delta_{x_0}) \approx \mathcal{M}_{t_0,t_j}(x^b) + \delta_{x_0}. \tag{1.15}$$

De cette manière, la fonction coût peut être reformulée :

$$
\begin{aligned}
J(\delta_{x_0}) = &\frac{1}{2}(\delta_{x_0})^T B^{-1}(\delta_{x_0}) \\
&+ \frac{1}{2}\sum_{j=0}^{N}[\mathcal{H}_j(\mathcal{M}_{t_0,t_j}(x^b) + \delta_{x_0}) - y_j^o]^T R_j^{-1} \\
&[\mathcal{H}_j(\mathcal{M}_{t_0,t_j}(x^b) + \delta_{x_0}) - y_j^o].
\end{aligned}
\tag{1.16}
$$

Si, de plus, $\mathcal{H}_j$ est linéarisé autour de $\mathcal{M}_{t_0,t_j}(x^b)$, la fonction coût s'écrit :

$$
\boxed{
\begin{aligned}
J(\delta_{x_0}) = &\frac{1}{2}(\delta_{x_0})^T B^{-1}(\delta_{x_0}) \\
&+ \frac{1}{2}\sum_{j=0}^{N}[\mathcal{H}_j(\mathcal{M}_{t_0,t_j}(x^b)) + \mathrm{H}_j\delta_{x_0} - y_j^o]^T \\
&R_j^{-1}[\mathcal{H}_j(\mathcal{M}_{t_0,t_j}(x^b)) + \mathrm{H}_j\delta_{x_0} - y_j^o].
\end{aligned}
}
\tag{1.17}
$$

La prise en compte de l'expression (1.12) de d_j fournit

$$
\boxed{
\begin{aligned}
J(\delta_{x_0}) = &\frac{1}{2}(\delta_{x_0})^T B^{-1}(\delta_{x_0}) \\
&+ \frac{1}{2}\sum_{j=0}^{N}[\mathrm{H}_j\delta_{x_0} + d_j]^T R_j^{-1}[\mathrm{H}_j\delta_{x_0} + d_j].
\end{aligned}
}
\tag{1.18}
$$

On peut réaliser à propos de cette formulation que :

- la fonction coût est quadratique en δ_{x_0} ;
- l'incrément n'est pas propagé par un quelconque opérateur mais simplement « répliqué » aux instants t_j ;
- il y a encore ici nécessité de faire des mises à jour de la référence autour de laquelle la linéarisation est faite, en tenant compte de la dernière valeur de l'incrément.

1.5   Evaluation du gradient des fonctions coûts

Les algorithmes de minimisation procèdent par évaluations répétitives de la fonction coût et son gradient. La technique dite adjointe facilite l'évaluation du gradient d'une fonction composée.

1.5.1   Adjoint d'un opérateur

Si E et F sont deux espaces de Hilbert munis des produits scalaires respectifs $< x, y >_E$ et $< x, y >_F$, l'adjoint L^* de l'opérateur $L : E \to F$ est défini [8] par la propriété :

$$< x, Ly >_E = < L^* x, y >_F \ . \tag{1.19}$$

L'adjoint de L est défini par rapport au produit scalaire choisi selon les besoins du problème. Dans le cas, par exemple, où on a le produit scalaire Euclidien, c'est à dire $< x, y >_E = x^T y$ et $< x, y >_F = x^T y$, et que l'opérateur L est linéaire, il vient que $L^* = L^T$.

1.5.2   Gradient et formulation générale

La perturbation δJ de J due à une variation infinitésimale $\delta x(t_0)$ de $x(t_0)$ peut toujours s'écrire de la manière suivante [5] :

$$\delta J(x(t_0)) = < \nabla J, \delta x(t_0) > \ . \tag{1.20}$$

Reprenons maintenant l'expression (1.5) de la fonction coût dans l'approche 4DVar de départ sous forme d'une somme de produits scalaires

$$
\begin{aligned}
J(x(t_0)) = \ &\frac{1}{2} < [x(t_0) - x^b], B^{-1}[x(t_0) - x^b] > \\
&+ \frac{1}{2} \sum_{j=0}^{N} < [\mathcal{H}_j(\mathcal{M}_{t_0, t_j}(x(t_0))) - y_j^o], R_j^{-1} \\
&[\mathcal{H}_j(\mathcal{M}_{t_0, t_j}(x(t_0))) - y_j^o] > \ .
\end{aligned}
\tag{1.21}
$$

Cette expression fournit le résultat suivant pour la perturbation δJ de J que l'on peut identifier à l'équation (1.21) après avoir appliqué la définition de l'adjoint d'un opérateur linéarisé :

$$
\begin{aligned}
\delta J(x(t_0)) = \ &< x(t_0) - x^b, B^{-1} \delta x(t_0) > \\
&+ \sum_{j=0}^{N} < [\mathcal{H}_j(\mathcal{M}_{t_0, t_j}(x(t_0))) - y_j^o], R_j^{-1} \\
&[H_j M_{t_0, t_1} \delta x(t_0)] > \ .
\end{aligned}
\tag{1.22}
$$

---

5. On peut utiliser le produit scalaire Euclidien pour ce développement sans predre de généralité.

En appliquant la définition de l'opérateur adjoint à cette équation, et considérant que $B^{-1} = B^{-T}$ et $R^{-1} = R^{-T}$, on obtient :

$$\delta J(x(t_0)) = < B^{-1}[x(t_0) - x^b], \delta x(t_0) >$$
$$+ \sum_{j=0}^{N} < M_{t_0,t_j}^T H_j^T R_j^{-1}[\mathcal{H}_j(\mathcal{M}_{t_0,t_j}(x(t_0))) - y_j^o], \delta x(t_0) > . \quad (1.23)$$

L'identification des expressions (1.22) et (1.23) fournit un moyen d'évaluer le gradient :

$$\nabla J(x(t_0)) = B^{-1}[x(t_0) - x^b]$$
$$+ \sum_{j=0}^{N} M_{t_0,t_j}^T H_j^T R_j^{-1}[\mathcal{H}_j(\mathcal{M}_{t_0,t_j}(x(t_0))) - y_j^o]. \quad (1.24)$$

1.5.3 Gradient dans les approches variationnelles

Les expressions du gradient dans les approches 4DVar, 4DInc et 3DFGAT s'obtiennent de la même manière que précédemment. On aura alors :

– pour le 4DVar,

$$\nabla J(\delta_{x_0}) = B^{-1}(\delta_{x_0})$$
$$+ \sum_{j=0}^{N} M_{t_0,t_j}^T H_j^T R_j^{-1}[\mathcal{H}_j(\mathcal{M}_{t_0,t_j}(x^b + \delta_{x_0})) - y_j^o]; \quad (1.25)$$

– pour le 4DInc,

$$\nabla J(\delta_{x_0}) = B^{-1}(\delta_{x_0})$$
$$+ \sum_{j=0}^{N} M_{t_0,t_j}^T H_j^T R_j^{-1}[H_j M_{t_0,t_j} \delta_{x_0} + d_j]; \quad (1.26)$$

– pour le 3DFGAT,

$$\nabla J(\delta_{x_0}) = B^{-1}(\delta_{x_0})$$
$$+ \sum_{j=0}^{N} H_j^T R_j^{-1}[H_j \delta_{x_0} + d_j]. \quad (1.27)$$

1.6   Equation adjointe

L'opérateur M_{t_0,t_j}^T est l'adjoint (ici le transposé) du Jacobien de l'opérateur du modèle tangent linéaire(1.9). Cet opérateur peut également être considéré [3] comme résultant de l'intégration d'un modèle différentiel dit adjoint :

$$-\frac{d\delta'x}{dt} = F'^T(t)\delta'x,$$

(1.28)

où $\delta'x$ est la variable adjointe de x et $F'^T(t)$ l'opérateur adjoint de l'opérateur $F'(t)$ qui définit le second membre de l'équation du modèle linéaire tangent. La présence du signe négatif dans le second membre provient du fait que l'intégration se fait de manière retrograde.

Chapitre 2

Observations et ébauche

Les données numériques[1] du problème d'assimilation sont constituées des observations, de l'ébauche ainsi que de leurs matrices des covariances d'erreurs respectives. Ensemble, ces données surdéterminent le problème d'assimilation, le rendant de ce fait un problème de moindres carrés. En fait, les observations servent à corriger l'ébauche qui est prise comme une estimation a priori de l'état initial du système.

2.1 Observations

Les observations liées aux instants t_j sont rassemblées dans les vecteurs d'observations y_j^o de dimension m_j. Les m_j sont en principe inférieurs à n, la dimension du vecteur (variable) d'état discrétisé sur le domaine spatial, x_j. C'est cela qui explique qu'à elles seules, les observations ne permettent pas la détermination du problème de calcul de l'état initial.

En toute généralité, le nombre ainsi que la nature des observations diffèrent d'un instant à un autre. En outre, les localisations spatiales et temporelles des observations ne sont pas toujours constantes ni régulières. Il existe alors généralement une discordance entre les localisations spatio-temporelles des observations et les points de la grille de discrétisation des équations aux dérivées partielles représentant le modèle de prévision [1]. La comparaison des grandeurs observées à celles du modèle (d'état) n'est possible qu'après des transformations adéquates.

---

1. Les autres données sont la formulation de la fonction coût et le modèle considéré dans le problème.

2.1.1 Opérateurs d'observations

Les opérateurs d'observations $\mathcal{H}_j$ constituent une collection de fonctions d'interpolation [2] et de transformation de variables dont le rôle est de faire correspondre le nombre, la nature et les localisations spatio-temporelles des grandeurs d'état aux grandeurs observées. Ces opérateurs appliquent l'espace du modèle sur l'espace des observations. Un opérateur d'observations $\mathcal{H}_j$ est donc une application $\mathcal{H}_j : R^n \to R_j^m$ où n est la dimension du vecteur d'état du modèle et m_j la dimension du vecteur d'observations correspondant. Il permet de calculer alors les équivalents-observations du modèle par sélection, interpolation, changement de variables [2], etc. L'équivalent-observation y_j d'un vecteur d'état x_j est calculé dès lors par :

$$\boxed{y_j = \mathcal{H}_j(x_j).} \tag{2.1}$$

Cet équivalent-observation correspond à l'observation y_j^o.

2.1.2 Matrice des covariances d'erreurs d'observations

Naturellement, les observations sont entachées d'erreurs : les erreurs d'observations. Pour exprimer l'incertitude sur les vecteurs d'observations, on suppose que les erreurs entre les vecteurs d'observations et leurs valeurs vraies suivent une certaine loi de probabilité. En d'autres termes, on suppose une fonction de densité de probabilité d'erreurs.

On va omettre momentanément l'indice j pour la clarté de l'exposé.

Etant donné un vecteur d'observations y^o et sa « vraie » valeur $\mathcal{H}(x)$, le vecteur d'erreur ε^o est donné par :

$$\varepsilon^o = y^o - \mathcal{H}(x) = y^o - y. \tag{2.2}$$

Avec un nombre très élevé de réalisations d'expériences, il est possible de déduire différentes statistiques [3] comme la moyenne, la variance et l'histogramme de fréquences de ε^o et espérer que ces statistiques convergent vers des valeurs dépendant uniquement du processus physique responsable de ces erreurs. La meilleure information sur la distribution de ε^o est fournie par la limite de l'histogramme pour des classes infiniment petites, qui est une fonction scalaire d'intégrale égale à l'unité appelée fonction de densité de probabilité de ε^o.

---

2. On remarquera que les opérateurs s'appliquent aux vecteurs d'états plutôt qu'aux vecteurs d'observations à cause de la faible dimension de ces derniers.

3. Soient q réalisations d'expériences avec production des vecteurs d'erreurs $(\varepsilon^o)_l$ où $l = 1, 2, \cdots, q$. On peut calculer pour chaque composante r du vecteur ε^o la moyenne $\overline{\varepsilon_r^o} = \frac{1}{q} \sum_{l=1}^q (\varepsilon_r^o)_l$, la variance $var(\varepsilon_r^o) = \frac{1}{q} \sum_{l=1}^q [(\varepsilon_r^o)_l - \overline{\varepsilon_r^o}]^2$ ainsi que sa covariance avec la composante k, $cov(\varepsilon_r^o, \varepsilon_k^o) = \frac{1}{q} \sum_{l=1}^q [(\varepsilon_r^o)_l - \overline{\varepsilon_r^o}][(\varepsilon_k^o)_l - \overline{\varepsilon_k^o}]$.

Une loi populaire des fonctions de probabilité scalaire est la fonction de Gauss que l'on peut généraliser aux systèmes multidimensionnels. De cette manière, la densité de probabilité $p(y^o|x)$ de l'erreur de mesure sur les observations est décrite par la loi Gaussienne suivante

$$p(y^o|x) = \frac{1}{\sqrt{(2\pi)^m \|R\|}} e^{-\frac{1}{2}\varepsilon^{oT}, R^{-1}\varepsilon^o} \tag{2.3}$$

avec $\|.\|$, une norme et R, la matrice des covariances d'erreurs d'observations de dimension $m \times m$. Cette matrice se construit de la manière suivante :

$$R = \begin{pmatrix} var(\varepsilon_1^o) & cov(\varepsilon_1^o, \varepsilon_2^o) & \cdots & cov(\varepsilon_1^o, \varepsilon_m^o) \\ cov(\varepsilon_1^o, \varepsilon_2^o) & var(\varepsilon_2^o) & \cdots & cov(\varepsilon_2^o, \varepsilon_m^o) \\ \vdots & \vdots & \ddots & \vdots \\ cov(\varepsilon_1^o, \varepsilon_m^o) & cov(\varepsilon_2^o, \varepsilon_m^o) & \cdots & var(\varepsilon_m^o) \end{pmatrix}, \tag{2.4}$$

où ε_r^o est la r^{me} composante du vecteur ε^o et m la dimension du vecteur d'observations.

Les termes non-diagonaux $R(r, s)$ $(r \neq s)$ peuvent être transformés en corrélations d'erreurs si les variances correspondantes sont non nulles :

$$\rho(\varepsilon_r^o, \varepsilon_s^o) = \frac{cov(\varepsilon_r^o, \varepsilon_s^o)}{\sqrt{var(\varepsilon_r^o)var(\varepsilon_s^o)}}. \tag{2.5}$$

Notons que, par construction, les matrices de convariance d'erreurs sont symétriques (c'est-à-dire que : $B^{-1} = B^{-T}$ et $R^{-1} = R^{-T}$) et définies positives.

2.2 Ebauche

L'ébauche est de même nature que la variable d'état du modèle. Elle détermine, de manière unique, le problème d'assimilation puisque sa dimension est égale à la dimension des vecteurs d'état. Seulement, cette ébauche est en général le résultat d'une prévision antérieure, et correspond donc à une estimation a priori de l'état « vrai du système ». La prise en compte des observations permet d'apporter de l'information fraîche et par voie de conséquence de surdéterminer le problème d'assimilation de données.

Tout comme les observations, l'ébauche n'est pas déterminée de manière exacte, elle est entachée d'erreurs. La matrice des covariances d'erreurs d'ébauche, de dimension $n \times n$, est donnée par

$$B = \begin{pmatrix} var(\varepsilon_1^b) & cov(\varepsilon_1^b, \varepsilon_2^b) & \cdots & cov(\varepsilon_1^b, \varepsilon_n^b) \\ cov(\varepsilon_1^b, \varepsilon_2^b) & var(\varepsilon_2^b) & \cdots & cov(\varepsilon_2^b, \varepsilon_n^b) \\ \vdots & \vdots & \ddots & \vdots \\ cov(\varepsilon_1^b, \varepsilon_n^b) & cov(\varepsilon_2^b, \varepsilon_n^b) & \cdots & var(\varepsilon_n^b) \end{pmatrix}. \tag{2.6}$$

où ε_r^b est la r^{ime} composante du vecteur d'erreur d'ébauche $\varepsilon^b = x^b - x$.

2.3 Estimation des matrices des covariances d'erreurs

Les statistiques des erreurs dépendent principalement des processus physiques qui gouvernent la situation météorologique ou océanographique et du réseau d'observations. Elles dépendent aussi de notre connaissance a priori des erreurs. Une manière d'estimer ces statistiques est de supposer qu'elles sont stationnaires sur une période de temps et uniformes sur un domaine spatial. De cette façon, on peut prendre un nombre de réalisation d'erreurs et produire ainsi des statistiques empiriques.

2.4 Principe du maximum de vraisemblance

Il est possible [1] d'exprimer la probabilité $p(x|y^o)$ de l'état initial compte tenu des observations réalisées et de l'ébauche en utilisant le théorème des probabilités conditionnelles :

$$p(x|y^o) = \frac{p(y^o|x)p(x)}{p(y^o)}, \tag{2.7}$$

où :

$p(y^o|x)$ est la fonction de vraisemblance des observations pour l'état initial x (son intégrale n'étant pas égale à l'unité, ce n'est pas une probabilité) ;

$p(x)$ est la densité de probabilité de l'état initial autour de l'ébauche indépendamment des observations ;

$p(y^o)$ est la densité a priori de probabilité des observations autour de l'ébauche.

En introduisant le logarithme naturel, la relation précédente peut s'écrire

$$
\begin{aligned}
-ln[p(x|y^o)] &= -ln[p(y^o|x)] - ln[p(x)] + ln[p(y^o)] \\
&= \frac{1}{2}(x - x^b)^T B^{-1}(x - x^b) + \frac{1}{2}(\mathcal{H}(x) - y^o)^T R^{-1}(\mathcal{H}(x) - y^o) \\
&+ ln[p(y^o)] + \frac{1}{2}ln[(2\pi)^n ||B||] + \frac{1}{2}ln[(2\pi)^m ||R||].
\end{aligned}
\tag{2.8}
$$

Déterminer la valeur de x correspondant au maximum de vraisemblance revient à trouver le minimiseur de la fonction :

$$
\begin{aligned}
J(x) &= \frac{1}{2}(x - x^b)^T B^{-1}(x - x^b) \\
&+ \frac{1}{2}(\mathcal{H}(x) - y^o)^T R^{-1}(\mathcal{H}(x) - y^o).
\end{aligned}
\tag{2.9}
$$

On retrouve ainsi la formulation du problème d'assimilation de données [4] sans toutefois la dimension temporelle. La prise en compte de cette dimension conduit aux cas qui ont été abordés dans le chapitre précédent.

Par rapport à tout ce qui précède, il convient toutefois de signaler que la question sur les erreurs en assimilation de données est loin d'être si simple. Weaver et al. [10, 11] ont abordé un certain nombre d'aspects liés à ce problème.

---

4. Cette formulation, cas particulier de 4DVar, est appelée 3DVar.

Chapitre 3

Modèle Shallow Water

L'étude du mouvement des fluides océanographiques s'appuie sur les équations de Navier-Stokes bien connues en mécanique des fluides. Ce sont des équations aux dérivées partielles du second ordre non linéaires pour lesquelles une solution analytique n'est pas connue. La théorie mathématique du caractère bien posé de ces équations tridimensionnelles est encore incomplète [30]. Néanmoins, en dimension deux, il existe des résultats concernant le caractère bien posé du problème[1]. Diverses méthodes numériques pourraient être mises en oeuvre pour résoudre ces équations. En particulier, la méthode des différences finies est facile à implémenter (grilles régulières ou irrégulières) et peu coûteuse si une précision ultime n'est pas souhaitée, comme le fait remarquer J.M. Beckers [23]. C'est cette dernière méthode qui est utilisée dans la chaîne d'assimilation qui constitue le contexte de ce travail. En ce qui concerne la discrétisation, c'est le schéma « saute mouton » qui est utilisé alors que la disposition spatiale des inconnues est aménagée selon la « grille C d'Arakawa ».

3.1 Modèle direct

3.1.1 Equations aux dérivées partielles

Pour établir les équations du modèle Shallow Water, on part des équations de Navier-Stokes de la mécanique des fluides. En toute généralité, ces équations expriment les lois de conservation de certaines grandeurs physiques telles que la quantité de mouvement, la masse, l'énergie, etc.

---

1. Existence, unicité et régularité de la solution exacte.

Si on considère la conservation de la quantité de mouvement et celle de la masse, on obtient le système suivant :

$$\rho\frac{dv}{dt} = \rho(\frac{\partial v}{\partial t} + (v\nabla_3)v) = \Sigma F,$$
$$\frac{d\rho}{dt} = \frac{\partial \rho}{\partial t} + \nabla_3(\rho v) = 0.$$
(3.1)

Dans ce système, ρ, v, t, $\frac{d}{dt}$, $\frac{\partial}{\partial t}$, ∇_3 et ΣF représentent respectivement

- la masse volumique du fluide en un point considéré ;
- le vecteur vitesse ;
- le temps ;
- la dérivée temporelle attachée à une particule ;
- la dérivée temporelle en un point donné ;
- la divergence ;
- l'ensemble des forces s'appliquant au point considéré.

Les différentes forces s'appliquant sur le système sont :

- la force de gravité ;
- la force de coriolis ;
- le gradient de pression ;
- la force exercée par le vent ;
- les forces dissipatives visqueuses.

En prenant pour vecteur d'état $\vec{x} = (v, \rho)^T$, le modèle différentiel compact obtenu est

$$\frac{d\vec{x}}{dt} = F(x),$$
(3.2)

où $F(x)$ est un opérateur représentant les membres de droite du système d'équations (3.1) moyennant un réarrangement des termes.

Le modèle Shallow Water, en formulation hauteur vitesse, peut être obtenu en faisant les hypothèses [4, 30] suivantes :

- l'épaisseur de l'eau est faible (c'est-à-dire eau peu profonde [2]) ;
- le repère utilisé n'est pas fixe, il est plutôt en mouvement de rotation avec la terre, d'où la présence des forces de Coriolis ;
- la condition hydrostatique est observée.

Ensuite, les équations résultantes sont intégrées selon l'axe vertical entre le fond de l'eau et sa surface libre.

---

2. Shallow water, en anglais.

Les équations [3] du modèle Shallow [4, 27]Water se traduisent par :

$$
\begin{aligned}
\partial_t u &= (f + \xi)v - \partial_x P + \frac{\tau}{\rho_0 h} - ru + \nu \triangle u, \\
\partial_t v &= (f + \xi)u - \partial_y P + \frac{\tau}{\rho_0 h} - rv + \nu \triangle v, \\
\partial_t h &= -\partial_x(hu) - \partial_y(hv),
\end{aligned}
\tag{3.3}
$$

où :

u	est la composante de la vitesse selon l'axe des x ;
v	est la composante de la vitesse selon l'axe des y ;
h	est la hauteur de l'eau ;
ξ	est la vitesse relative, $(\partial_x v - \partial_y u)$;
P	est le potentiel de Bernoulli, $[\tilde{g}h + \frac{1}{2}(u^2 + v^2)]$;
$\tilde{g}$	est le potentiel de gravité réduite ;
τ	est le coefficient du vent ;
f	est le facteur de Coriolis, $(f_0 + \beta y)$;
ν	est le coefficient de viscosité ;
ρ_0	est le coefficient de torsion ;
r	est le coefficient de friction latérale.

A partir du système (3.3), le vecteur d'état $\vec{x}$ peut s'écrire :

$$
\vec{x} = [u(t, x, y), v(t, x, y), h(t, x, y)]^T.
\tag{3.4}
$$

3.1.2   Conditions aux limites et condition initiale

On entend par limites, toutes les frontières du domaine spatiale occupé par le fluide dont la dynamique est étudiée. On distingue deux types de frontières : les unes fermées et les autres ouvertes. Les frontières fermées sont des frontières naturelles telles que le fond de l'eau, les côtes etc. Les frontières ouvertes sont fictives ou imaginaires séparant des parties du même fluide en vue de son étude.

Dans le modèle utilisé, les conditions aux limites concernent uniquement les valeurs de la variable d'état sur les frontières, il s'agit des conditions de Diriclet [4]. Si l'on nomme Ω le domaine spatial et $\partial\Omega$ sa frontière, les conditions aux limites s'écrivent :

$$
\vec{x}(x, y, t) = x_{\partial\Omega}(x, y, t), \quad \{x, y\} \in \partial\Omega, \quad t \geq 0.
\tag{3.5}
$$

---

3. $\partial_t = \frac{\partial}{\partial t}$ et $\partial_x = \frac{\partial}{\partial x}$.
4.   Il existe plusieures manières d'imposer les conditions aux limites [32]

La condition initiale correspond à la valeur de la solution au temps initial $(t = 0)$ à travers tout le domaine spatial

$$\vec{x}(x, y, t_0) = x_0(x, y), \quad \{x, y\} \in \Omega, \quad t = t_0. \tag{3.6}$$

Le modèle intégré des équations aux dérivés partielles fournit l'opérateur $\mathcal{M}$ de sorte que l'on puisse écrire :

$$x(t) = \mathcal{M}_{t_0,t}(x(t_0)). \tag{3.7}$$

Il convient de signaler que dans la pratique l'intégration est obtenue par voie numérique.

3.1.3   Propriété de la solution

Les propriétés de la solution exacte [5] d'un système d'équations aux dérivées partielles concerne l'existence, l'unicité et la régularité de cette solution. Un problème relatif à la résolution d'un système d'équations aux dérivées partielles est bien posé [31] si son éventuelle solution :

– existe ;
– est unique ;
– dépend continûment des données.

Les données en question sont les valeurs qui permettent de définir les membres de droite de l'équation (3.1) d'une part et des conditions aux limites (3.5) et initiale (3.6) d'autre part.

L'étude du caractère bien posé des équations de Navier Stokes est très difficile et incomplète à l'heure actuelle, seuls quelques résultats partiels sont connus. Concernant les équations Shallow Water, on trouvera des études sur cette question dans [30, 25, 26, 27] notamment.

3.1.4   Propriétés de la solution discrète

La question de recherche d'une solution discrète construite à partir d'un problème continu bien posé n'est pas forcément un problème bien posé. En effet, pour que le problème discret soit bien posé, il faut que le problème continu soit bien posé et que la procédure de discrétisation soit stable et fournisse une solution proche de la solution exacte [32].

---

5. On ne connaît pas en générale la solution exacte.

Cohérence d'un schéma

Un schéma de discrétisation est cohérent avec les équations aux dérivées partielles si l'erreur d'arrondi de l'équation discrétisée tend vers zéro lorsque la discrétisation devient de plus en plus fine [29]. La cohérence est facile à tester.

Stabilité d'un schéma

Un schéma de discrétisation d'équations d'évolution est stable si ses solutions sont des fonctions uniformément bornées de l'état initial [31].

Convergence d'un schéma : théorème de Lax-Richtmeyer

Une solution discrète d'équations aux dérivées partielles est convergente si elle approche la solution de l'équation continue lorsque la discrétisation devient de plus en plus fine. L'établissement de la convergence n'est pas évidente, c'est pourquoi on fait usage du théorème de Lax-Richtmeyer : un schéma de discrétisation est convergent s'il est consistant et stable [19, 29]. L'inverse de cette proposition est également vrai.

3.1.5 Discrétisation du modèle par différences finies

Le schéma de discrétisation utilisé dans la chaîne d'assimilation mise en place pour réaliser cette étude est le schéma dit de « saute mouton ». Il s'agit d'un schéma de différences en temps centrées avec des différences en espace également centrées. Dans le cas présent, les différences en espace sont du second ordre. Les valeurs de u, v, et h sont décalées les unes par rapport aux autres sur une grille d'Arakawa [23, 29], du nom de son inventeur. Plus précisément, il s'agit de la grille [4] du type C. Le schéma « saute mouton » est probablement le plus populaire dans les problèmes météorologiques : il est simple. On trouve une étude détaillée de ce schéma et des grilles d'Arakawa dans [23, 29].

Le système discret résultant est :

Pas de temps

$$x_{j+1} = x_{j-1} + 2\triangle t\varphi(x_j), \qquad (3.8)$$

où la fonction $\varphi(x_j)$ est obtenue, à une facteur près, à l'aide de la discrétisation spatiale des termes apparaissant à droite du système d'équations de Shallow Water.

Facteur de Coriolis

$$F(u_j^{(\eta,\mu)}) = f_0 + \beta(\mu + C_u)\triangle y, \tag{3.9}$$

$$F(v_j^{(\eta,\mu)}) = f_0 + \beta(\mu + C_v)\triangle y, \tag{3.10}$$

où C_u et C_v sont des constantes correctrices qui tiennent compte de la disposition des points sur la grille de discrétisation spatiale.

Potentiel de Bernoulli

$$P_j^{(\eta,\mu)} = \tilde{g}h_j^{(u,v)} + \frac{1}{2}\left(\frac{(u_j^{(\eta,\mu)} + u_j^{(\eta+1,\mu)})^2}{2} + \frac{(v_j^{(\eta,\mu)} + v_j^{(\eta,\mu+1)})^2}{2}\right). \tag{3.11}$$

Vitesse relative

$$\xi_j^{(\eta,\mu)} = \frac{u_j^{(\eta,\mu)} - u_j^{(\eta,\mu-1)}}{\triangle y} + \frac{v_j^{(\eta,\mu)} - v_j^{(\eta-1,\mu)}}{\triangle x}. \tag{3.12}$$

Laplaciens de u et v

$$L(u_j^{(\eta,\mu)}) = \frac{u_j^{(\eta-1,\mu)} + u_j^{(\eta+1,\mu)} - 2u_j^{(\eta,\mu)}}{(\Delta x)^2} + \frac{u_j^{(\eta,\mu-1)} + u_j^{(\eta,\mu+1)} - 2u_j^{(\eta,\mu)}}{(\Delta y)^2} \tag{3.13}$$

$$L(v_j^{(\eta,\mu)}) = \frac{v_j^{(\eta-1,\mu)} + v_j^{(\eta+1,\mu)} - 2v_j^{(\eta,\mu)}}{(\Delta x)^2} + \frac{v_j^{(\eta,\mu-1)} + v_j^{(\eta,\mu+1)} - 2v_j^{(\eta,\mu)}}{(\Delta y)^2} \tag{3.14}$$

Champs u

$$\varphi(u_j^{(\eta,\mu)}) = (f(u_j) + \frac{\xi_j^{(\eta,\nu)} + \xi_j^{(\eta,\nu+1)}}{2})(\frac{v_j^{(\eta-1,\mu)} + v_j^{(\eta,\mu)} + v_j^{(\eta-1,\mu+1)} + v_j^{(\eta,\mu+1)}}{4})$$
$$- \frac{P_j^{(\eta,\mu)} - P_j^{(\eta,\mu)}}{\triangle x} + \frac{\tau_j^{(1,\mu)}}{\rho_0 \frac{(h_j^{(\eta,\mu)} + h_j^{(\eta+1,\mu)})}{2}} + ru_j^{(\eta,\mu)} + \nu L(u_j^{(\eta,\mu)}). \tag{3.15}$$

Champs v

$$\varphi(v_j^{(\eta,\mu)}) = (f(v_j) + \frac{\xi_j^{(\eta,\nu)} + \xi_j^{(\eta+1,\nu)}}{2})(\frac{u_j^{(\eta,\mu+1)} + u_j^{(\eta,\mu)} + u_j^{(\eta+1,\mu-1)} + u_j^{(\eta+1,\mu)}}{4})$$
$$- \frac{P_j^{(\eta,\mu)} - P_j^{(\eta,\mu+1)}}{\triangle y} + \frac{\tau_j^{(2,\mu)}}{\rho_0 \frac{(h_j^{(\eta,\mu)} + h_j^{(\eta+1,\mu)})}{2}} + rv_j^{(\eta,\mu)} + \nu L(v_j^{(\eta,\mu)}). \tag{3.16}$$

Champs h

$$\varphi(h_j^{(\eta,\mu)}) = -\frac{(h_j^{(\eta+1,\nu)} + h_j^{(\eta,\nu)})u_j^{(\eta+1,\mu)} - (h_j^{(\eta-1,\nu)} + h_j^{(\eta,\nu)})u_j^{(\eta,\mu)}}{\triangle x}$$
$$-\frac{(h_j^{(\eta,\nu+1)} + h_j^{(\eta,\nu)})v_j^{(\eta,\mu+1)} - (h_j^{(\eta,\nu)} + h_j^{(\eta,\nu-1)})v_j^{(\eta,\mu)}}{\triangle y}. \quad (3.17)$$

3.2   Modèle linéaire tangent

Le système d'équations du modèle linéaire tangent décrit la propagation temporelle de la perturbation δx. Il est obtenu en dérivant les termes de droite des équations (3.6) par rapport à u, v et h pour déterminer la matrice Jacobienne de l'opérateur $\mathcal{M}$. On écrit alors :

$$\begin{pmatrix} \partial_t \delta u \\ \partial_t \delta v \\ \partial_t \delta h \end{pmatrix} = \begin{pmatrix} -\partial_x u - r & f + \xi - \partial_x v & -\frac{\tau}{\rho_0 h^2} \\ -\partial_y v - r & f + \xi - \partial_y u & -\frac{\tau}{\rho_0 h^2} \\ 0 & 0 & -\partial_x u - \partial_y v \end{pmatrix} \begin{pmatrix} \delta u \\ \delta v \\ \delta h \end{pmatrix}. \quad (3.18)$$

Les termes de cette matrice sont déjà présents dans le système discret précédent.

3.3   Modèle adjoint

3.3.1   Rôle du modèle adjoint

L'adjoint d'un opérateur linéaire se définit par rapport à un produit scalaire [8]. Reprenons comme produit scalaire l'expression du carré de l'écart entre la variable x_j et la valeur correspondante du vecteur d'observations y_j^o de dimension m :

$$J_j = \frac{1}{2} \left\langle \mathcal{H}_j(x_j) - y_j^o, R_j^{-1}(\mathcal{H}_j(x_j) - y_j^o) \right\rangle, \quad (3.19)$$

où $\mathcal{H}_j(x_j)$ est l'opérateur d'observations qui projette x_j dans l'espace des observations, R_j, la matrice [6] des covariances d'erreurs et $\langle .,. \rangle$, le produit scalaire Euclidien.

En toute généralité, la perturbation $\delta J_j|_{x_j}$ provoquée par δx_j, la perturbation de x_j, s'écrit :

$$\delta J_j|_{x_j} = \left\langle \nabla J_j|_{x_j}, \delta x_j \right\rangle, \quad (3.20)$$

---

6. Cette matrice est symétrique et définie positive ; sa transposée lui est égale.

où $\nabla J_j|_{x_j}$ est le gradient de la fonction J_j par rapport à la variable x_j. En tenant compte de (3.19) la perturbation $\delta J_j|_{x_j}$ s'écrit :

$$\delta J_j|_{x_j} = \left\langle \mathcal{H}_j(x_j) - y_j^o, R_j^{-1}(\mathrm{H}_j \delta x_j) \right\rangle, \tag{3.21}$$

où H_j (matrice $m \times n$) représente le résultat de la linéarisation de l'opérateur $\mathcal{H}_j$. L'utilisation de l'opérateur adjoint de H_j, noté H_j^T (matrice $n \times m$), permet d'écrire l'expression ci-dessus de la manière suivante :

$$\delta J_j|_{x_j} = \left\langle \mathrm{H}_j^T R_j^{-1}(\mathcal{H}_j(x_j) - y_j^o), \delta x_j \right\rangle. \tag{3.22}$$

L'identification de (3.20) et (3.22) donne :

$$\nabla J_j|_{x_j} = \mathrm{H}_j^T R_j^{-1}(\mathcal{H}_j(x_j) - y_j^o) \tag{3.23}$$

Introduisons la notation :

$$d_j = R_j^{-1}(\mathcal{H}_j(x_j) - y_j^o). \tag{3.24}$$

On peut écrire alors :

$$\nabla J_j|_{x_j} = \mathrm{H}_j^T d_j. \tag{3.25}$$

On peut calculer la perturbation de J_j provoquée par celle de x_{j-1} en remplaçant δx_j dans (3.21) par le membre de droite de la formule d'intégration suivante :

$$\delta x_j = \mathrm{M}_{j-1,j} \delta x_{j-1} \tag{3.26}$$

dans laquelle $\mathrm{M}_{j-1,j}$ représente le modèle linéaire tangent intégré de l'instant t_{j-1} à t_j avec δx_{j-1} comme condition initiale. De cette manière, on obtient :

$$\delta J_j|_{x_{j-1}} = \left\langle \mathcal{H}_j(x_j) - y_j^o, R_j^{-1} \mathrm{H}_j \mathrm{M}_{j-1,j} \delta x_{j-1} \right\rangle \tag{3.27}$$

Encore une fois, l'identification des équations conduit à :

$$\nabla J_j|_{x_{j-1}} = \mathrm{M}_{j-1,j}^T \mathrm{H}_j^T R_j^{-1}(\mathcal{H}_j(x_j) - y_j^o), \tag{3.28}$$

et en utilisant (3.23), il vient :

$$\nabla J_j|_{x_{j-1}} = \mathrm{M}_{j-1,j}^T \nabla J_j|_{x_j}. \tag{3.29}$$

Par récurrence, on arrive à :

$$\nabla J_j|_{x_0} = \mathrm{M}_{0,1}^T \mathrm{M}_{1,2}^T \ldots \mathrm{M}_{j-2,j-1}^T \mathrm{M}_{j-1,j}^T \nabla J_j|_{x_j} \tag{3.30}$$

Il ressort que le calcul du gradient de J_j par rapport à x_0 peut se faire par intégration à rebours du modèle adjoint avec comme condition initiale $\nabla J_j|_{x_j}$ calculé par (3.23). La présence de x_j dans cette dernière expression, exige, pour sa part, une intégration directe du modèle à partir de la condition initiale x_0.

L'obtention du gradient de la fonction J :

$$J = \sum_{j=0}^{N} J_j \qquad (3.31)$$

se fait bien évidemment par la sommation :

$$\nabla J|_{x_0} = \sum_{j=0}^{N} \nabla J_j|_{x_0}. \qquad (3.32)$$

Le rôle des équations adjointes sera de faciliter l'évaluation du gradient de la fonction d'écart, considérée comme produit scalaire.

3.3.2 Génération du modèle adjoint discret

On notera que pour générer le modèle adjoint discret, il est préférable de dériver ligne à ligne le modèle direct, de le discrétiser puis d'effectuer une transposition ligne à ligne. Les deux premières étapes produisent le modèle linéarisé discret et la seconde fournit son adjoint. Il existe essentiellement deux raisons pour procéder de la sorte plutôt que de discrétiser les équations du modèle adjoint [1]. La première est qu'il peut y avoir une incohérence entre la discrétisation du modèle linéaire tangent et celle du modèle adjoint. La seconde est que cela facilite l'évolution du modèle, toute modification du modèle direct conduisant aux modifications correspondantes des modèles linéaire et adjoint.

Chapitre 4

Minimisation numérique des problèmes de grande taille

L'assimilation variationnelle de données est fondamentalement un problème d'optimisation. Les problèmes de minimisation concernant l'assimilation variationnelle de données sont des problèmes de grande taille. En effet, en assimilation de données, les fonctions coûts dépendent d'une très grande quantité de variables provenant de la discrétisation spatio-temporelle du vecteur d'état $\vec{x}(t, x, y, z)$. En utilisant l'incrément δ_{x_0} comme variable de contrôle, on est conduit à résoudre le problème $\min_{\delta_{x_0} \in \mathbb{R}^n}[J(\delta_{x_0})]$. Renoté simplement x dans ce chapitre, δ_{x_0} appartient à $\mathbb{R}^n$. La fonction coût $J(x)$, de $\mathbb{R}^n$ dans $\mathbb{R}$, est supposée deux fois continûment différentiable. Ce chapitre présente un algorithme de minimisation adapté aux problèmes de grande taille, la méthode quasi Newton à mémoire limitée.

4.1 Principe des méthodes de recherche linéaire

Pour une fonction $J(x)$ deux fois continûment différentiable, on peut identifier un minimiseur local [1] x^* en examinant $\nabla J(x^*)$ et $\nabla^2 J(x^*)$ qui sont respectivement le gradient et le Hessien [2] de $J(x)$ au point x^*.

Les deux théorèmes suivants sont particulièrement importants :

---

1. Un point $x*$ est un minimiseur local s'il existe un voisinage $\mathcal{N}$ de $x*$ tel que $J(x^*) \leq J(x) \forall x \in \mathcal{N}$ [15]. Un point x^* est un minimiseur global si $J(x^*) \leq J(x) \forall x$.
2. L'écriture ∇^2 désigne ici le Hessien, c'est-à-dire le Jacobien du gradient. Dans certaines littératures cette notation est utilisée pour désigner le Laplacien : la divergence du gradient. Dans ce travail, le Laplacien est noté par Δ. Cette dernière notation n'est pas non plus à confondre avec $\triangle$ qui désigne un pas de discrétisation.

– Si, d'une part, $\nabla^2 J(x)$ est continu dans un voisinage ouvert de x^* et défini positif en x^* et que d'autre part $\nabla J(x^*)$ est nul, alors x^* est un minimiseur local de $J(x)$.

– Si de plus, $\nabla^2 J(x^*)$ est partout défini positif [3], donc $J(x)$ est convexe [4], alors tout minimiseur local x^* est un minimiseur global de $J(x)$.

Les algorithmes d'optimisation numérique génèrent itérativement une suite de solutions approchées $\{x_k\}_{k=0,1,...}$ s'arrêtant lorsqu'il n'y a plus d'amélioration substantielle des approximations ou lorsque la solution est approchée avec une précision « suffisante ». Classiquement, on s'intéresse à la diminution de la norme $\|\nabla J\|$ du gradient de la fonction coût J pour construire le critère d'arrêt. Cependant, dans la pratique, le critère d'arrêt des itérations peut être imposé par d'autres conditions. Le temps maximal alloué au calcul de la solution approchée pouvant se traduire en terme de nombre limite d'itérations à effectuer peut constituer un critère d'arrêt.

Les méthodes décrites dans ce chapitre sont dites de recherche linéaire en ce sens qu'à l'itération k, l'algorithme procède en deux grandes étapes :

– choix d'une direction p_k dans laquelle la fonction décroît (direction de descente, c'est-à-dire de pente [5] $p_k^T \nabla J_k$ négative). Cette direction est calculée généralement à partir d'une approximation de la fonction coût autour de l'itéré courant x_k ;

– recherche, le long de cette direction, d'un nouvel itéré x_{k+1} donnant à la fonction J une diminution jugée « acceptable ».

La longueur α_k du pas [6], à parcourir à partir de x_k le long de l'axe p_k pour obtenir x_{k+1}, se calcule par résolution approximative du problème de minimisation unidimensionnel suivant :

$$\alpha_k = \arg[\min_{\alpha \in \mathbb{R}} \phi(\alpha)], \tag{4.1}$$

où la fonction unidimensionnelle $\phi(\alpha) = J(x_k + \alpha p_k)$ est une fonction de R dans R. Le prochain itéré s'obtient alors par la mise à jour

$$x_{k+1} = x_k + \alpha_k p_k. \tag{4.2}$$

Les méthodes de recherche linéaire se différencient principalement par la manière dont elles déterminent la direction de recherche.

Dans la section qui va suivre, il est supposé qu'une direction de descente p_k vient d'être trouvée à l'itération courante k.

---

3. Une matrice symétrique $A_{n \times n}$ est définie positive, si on a $x^T A x > 0$, pour tout $x \in R^n$, $x \neq 0$.

4. C'est-à-dire, pour tous points x et y du domaine C de $J(x)$ et tout réel $\theta \in [0,1]$, le point $x + \theta(y - x)$ appartient aussi à C (auquel cas on dit que le domaine C est convexe), et $f(\theta x + (1 - \theta)y) \leq \theta f(x) + (1 - \theta)f(y)$.

5. $p_k^T \nabla J_k$ représente le produit scalaire Euclidien de $p_k \nabla$ et J_k.

6. La norme du vecteur pas étant prise comme mesure unitaire.

4.2   Recherche linéaire

La détermination d'une longueur de pas jugée « acceptable » s'appuie
sur certaines conditions particulières, notamment les conditions dites de
« Wolfe ». La première de ces deux conditions concerne la réduction de la
fonction alors que la deuxième s'intéresse à la courbure de la fonction au
niveau de l'itéré suivant.

4.2.1   Conditions de Wolfe

La première condition de Wolfe stipule que α_k doit fournir une réduction
suffisante de la fonction coût dans la direction p_k au point $x_k + \alpha_k p_k$. Cette
réduction doit être proportionnelle aussi bien à cette longueur α_k du pas
qu'à la dérivée directionnelle $\phi'(0) = \nabla J_k^T p_k$ de J en x_k suivant l'axe p_k. La
seconde condition exige que la dérivée de la fonction coût dans la direction
p_k au point x_{k+1}, nouvel itéré, soit un peu moins négative qu'elle ne l'est au
point x_k. Cette dernière condition est dite de courbure étant donné qu'une
pente plus forte, c'est-à-dire dérivée directionnelle plus négative en α_k, sug-
gérerait que la fonction pourrait diminuer davantage avec un pas plus grand.
Ces conditions se traduisent par les inéquations suivantes :

$$
\begin{aligned}
\phi(\alpha_k) &\leq \phi(0) + c_1 \alpha_k \phi'(0), \\
\phi'(\alpha_k) &\geq c_2 \phi'(0),
\end{aligned}
\tag{4.3}
$$

avec $0 < c_1 < c_2 < 1$, et où

$$
\begin{aligned}
\phi(\alpha_k) &= J(x_k + \alpha_k p_k), & (4.4) \\
\phi(0) &= J(x_k), & (4.5) \\
\phi'(\alpha_k) &= \nabla J(x_k + \alpha_k p_k)^T p_k, & (4.6) \\
\phi'(0) &= \nabla J(x_k)^T p_k. & (4.7)
\end{aligned}
$$

4.2.2   Sélection de la longueur du pas

La sélection de la longueur α_k part d'une valeur candidate initiale $\alpha_k^{(0)}$
qui est soumise aux conditions de Wolfe. Tant que ces conditions ne sont
pas satisfaites, l'algorithme de sélection opère une répétition i d'interpolation polynomiales de la fonction unidimensionnelle $\phi(\alpha)$ dont il calcule le
minimiseur $\tilde{\alpha}_k^{(i)}$ qui est soumis comme nouveau candidat aux conditions de
Wolfe.

Ces interpolations sont quadratiques ou cubiques selon les informations
disponibles et la stratégie mise en place [16, 15]. La stratégie de la détermination de la valeur candidate initiale dépend du problème et de la méthode
de choix de la direction de recherche.

4.3   Méthodes de choix de la direction de recherche

Les méthodes de la détermination de la direction de recherche examinées dans ce chapitre sont : d'abord la méthode quasi Newton, et ensuite les méthodes quasi Newton à mémoire limitée.

4.3.1   Méthodes quasi Newton

Une direction de recherche évidente mais peu efficace [7] est la direction de la plus forte pente, c'est-à-dire, la direction $-\nabla J_k$ opposée à celle du gradient de la fonction à l'itéré courant. C'est trivialement une direction de descente. Cette direction est utilisée tout au plus en guise de base de direction de recherche initiale dans les méthodes qui seront décrites ci-dessous.

La méthode quasi Newton dérive de celle de Newton, non adaptée aux problèmes de grande taille. Cette dernière construit d'abord une approximation quadratique de $J(x_k + p)$ au point x_k à partir d'un développement limité de Taylor

$$m_k(p) = J_k + p^T \nabla J_k + \frac{1}{2} p^T \nabla^2 J_k p \approx J(x_k + p), \qquad (4.8)$$

de gradient

$$\nabla m_k(p) = \nabla J_k + p^T \nabla^2 J_k. \qquad (4.9)$$

Si la matrice Hessienne $\nabla^2 J_k$ est définie positive, la direction de recherche de Newton p_k^N s'obtient en déterminant le vecteur qui annule le gradient de l'approximation $m_k(p)$. Cette annulation du gradient fournit le système matriciel

$$\nabla^2 J_k p_k^N = -\nabla J_k. \qquad (4.10)$$

Disons tout simplement que la convergence globale de la minimisation exige que p_k soit une direction de descente, ce qui est vraie si la matrice Hessienne $\nabla^2 J_k$ est définie positive [8]. On trouvera des études sur la convergence de ces méthodes dans [15, 17]. Le vecteur p_k^N s'obtient ici par résolution du système matriciel décrit par l'équation (4.10). Cette résolution du système matriciel rend la méthode de Newton très mal adaptée aux problèmes de minimisation de grande taille du fait de la nécessité d'opérer sur une matrice trop grande, $\nabla^2 J_k$.

Pour sa part, une direction de recherche quasi Newton s'obtient en remplaçant $\nabla^2 J_k$, le Hessien de J_k, par une approximation [9] B_k définie positive

---

7. A cause d'un problème connu sous le nom de « scaling ».

8. Dans ce cas, - $(p_k^N)^T \nabla^2 J_k p_k^N < 0$.

9. Cette matrice n'est pas à confondre avec la matrice des covariances d'erreurs d'ébauche B.

qui est mise à jour à chaque itération. La mise à jour B_{k+1}, approximation du Hessien $\nabla^2 J_{k+1}$, doit répondre aux conditions suivantes :

$$B_{k+1}^T = B_{k+1},$$
$$B_{k+1}(x_{k+1} - x_k) = \nabla J_{k+1} - \nabla J_k, \qquad (4.11)$$
$$B_{k+1} = \arg[\min_B(||B - B_k||)].$$

Ces conditions traduisent le fait que la mise à jour doit : être symétrique, satisfaire l'équation dite de la sécante et être la plus proche possible de l'approximation précédente. L'utilisation d'une norme particulière, la norme pondérée de Frobenius [10] avec comme matrice poids le Hessien moyen sur le parcours $\alpha_k p_k$, donne la solution unique suivante :

$$B_{k+1} = (I - \gamma_k y_k s_k^T) B_k (I - \rho_k s_k y_k^T) + \rho_k y_k y_k^T, \qquad (4.12)$$

avec $\gamma_k = 1/y_k^T s_k$. On note que la mise à jour ainsi calculée conserve le caractère défini positif de la matrice B_k.

Plutôt que de chercher la mise à jour de B_k, il est plus intéressant d'effectuer cette opération directement sur son inverse [11] H_k, qui est également défini positif. Cette pratique évite de devoir résoudre le système matriciel $B_{k+1} p_{k+1} = -\nabla J_{k+1}$. Elle conduit par contre à

$$\boxed{p_{k+1} = -H_{k+1} \nabla J_{k+1}.} \qquad (4.13)$$

La formule de mise à jour de l'inverse H_k de l'approximation B_k du Hessien, est due à Broyden, Fletcher, Goldfarb, et Shanno, d'où son nom BFGS [15, 17]. Elle dérive de la résolution du problème :

$$\min_H(||H - H_k||) \qquad (4.14)$$

sous contraintes $H^T = H$ et $H y_k = s_k$. On utilise encore une fois la norme pondérée de Frobenius [12], avec une matrice poids toujours égal au Hessien moyen sur le parcours $\alpha_k p_k$, la solution unique étant alors donnée par [15] :

$$\boxed{H_{k+1} = (I - \rho_k s_k y_k^T) H_k (I - \rho_k y_k s_k^T) + \rho_k s_k s_k^T,} \qquad (4.15)$$

avec $\rho_k = 1/y_k^T s_k$. Ici aussi, la mise à jour n'altère pas le caractère défini positif de H_k.

En ce qui concerne le choix de la matrice initiale H_0, on note ceci :

---

10. La norme de Frobenius pondérée d'une matrice A est donnée par $||A||_W = ||W^{1/2} A W^{1/2}||_F$ où la norme $||.||_F$ est définie comme $||C||_F^2 = \sum_{i=1}^n \sum_{j=1}^n c_{ij}^2$. La matrice de poids W, dans le cas présent, est choisie de sorte que $W y_k = s_k$. On pourrait prendre par exemple $W = \overline{G}_k^{-1}$ où $\overline{G}_k^{-1}$ est le Hessien moyen défini par $\overline{G}_k^{-1} = [\int_0^1 \nabla^2 J(x_k + \tau \alpha_k p_k) d\tau]$. En effet, ce choix est justifié par le théorème de Taylor qui conduit à $y_k = \overline{G}_k^{-1} \alpha_k p_k = \overline{G}_k^{-1} s_k$.

11. On se gardera de prendre cette matrice pour un opérateur d'observations H_j.

12. Maintenant la matrice poids satisfait $W s_k = y_k$.

- H_0 doit être défini positif ;
- on pourrait prendre l'inverse d'une approximation du Hessien calculée par différences finies en x_0 ;
- sinon H_0 est prise égale à la matrice identité I ou un multiple de celle-ci, βI, avec $\beta \in R_+$.

Dans ce dernier cas, on prend généralement

$$\boxed{\beta = y_k^T s_k / y_k^T y_k.}$$
(4.16)

Cette disposition vise à donner aux éléments de H_0 un ordre de grandeur approchant [15] celui des éléments de $\nabla^2 J_0^{-1}$.

Algorithme général des méthodes quasi Newton

Les méthodes quasi Newton répondent à l'algorithme général suivant :

Etant donné x_0, et une approximation H_0 définie positive de $\nabla^2 J_0^{-1}$
$k \leftarrow 0$;
Tant que critère d'arrêt non observé, faire {
    $p_k = -H_k \nabla J_k$;
    détermination de α_k (conditions de Wolfe);
    $x_{k+1} = x_k + \alpha_k p_k$;
    $s_k = \alpha_k p_k$;
    $y_k = \nabla J_{k+1} - \nabla J_k$;
    $\rho_k = 1/y_k^T s_k$;
    $H_{k+1} = (I - \rho_k s_k y_k^T) H_k (I - \rho_k y_k s_k^T) + \rho_k s_k s_k^T$;
    $k = k + 1$
}

4.3.2 Méthode quasi Newton à mémoire limitée

Le principe de la méthode BFGS à mémoire limitée consiste à représenter la mise à jour de l'inverse de l'approximation du Hessien par quelques vecteurs de longueur n. Cette pratique limite l'espace de stockage mémoire nécessaire pour reconstituer H_{k+1}. L'idée principale est d'utiliser les informations de courbure des itérations les plus récentes.

Dans la méthode BFGS, l'itéré suivant est donné par

$$\begin{aligned} x_{k+1} &= x_k + \alpha_k p_k \\ &= x_k - \alpha_k H_k \nabla J_k, \end{aligned}$$
(4.17)

et la mise à jour de H_k peut s'écrire [15] :

$$H_{k+1} = V_k^T H_k V_k + \rho_k s_k s_k^T,$$
(4.18)

avec

$$V_k = I - \rho_k y_k s_k^T, \tag{4.19}$$
$$s_k = x_{k+1} - x_k, \tag{4.20}$$
$$y_k = \nabla J_{k+1} - \nabla J_k, \tag{4.21}$$
$$\rho_k = \frac{1}{y_k^T s_k}. \tag{4.22}$$

Le produit $H_k \nabla J_k$ peut ainsi être obtenu par une suite de produits internes et sommations vectorielles sur ∇J_k et les paires $\{s_i, y_i\}_{i=1,2,\dots,k}$.

En ne retenant que les m dernières paires de vecteurs s_i et y_i, l'approximation H_k devient :

$$
\begin{aligned}
H_k = & (V_{k-1}^T \cdots V_{k-m}^T) H_k^0 (V_{k-m} \cdots V_{k-1}) \\
& + \rho_{k-m}(V_{k-1}^T \cdots V_{k-m+1}^T) s_{k-m} s_{k-m}^T (V_{k-m+1} \cdots V_{k-1}) \\
& + \rho_{k-m+1}(V_{k-1}^T \cdots V_{k-m+2}^T) s_{k-m+1} s_{k-m+1}^T (V_{k-m+2} \cdots V_{k-1}) \\
& + \cdots \\
& + \rho_{k-1} s_{k-1} s_{k-1}^T.
\end{aligned} \tag{4.23}
$$

Dans cette formule, on commence par choisir H_k^0, cette approximation initiale pouvant changer d'une itération à une autre, contrairement au BFGS standard.

Nocedal [15] propose d'évaluer, non pas cette matrice, mais plutôt le vecteur $H_k p_k$ avec la procédure récursive suivante :

```
q ← ∇J_k
pour i = k − 1, k − 2, ..., k − m
{
    γ_i ← ρ_i s_i^T q;
    q ← q − γ_i y_i;
}
r ← H_k^o q;
pour i = k − m, k − m − 1, ..., k − 1
{
    β_i ← ρ_i y_i^T r;
    r ← r + s_i(γ_i − β_i);
}
```

Cette procédure coûte moins cher en espace de stockage et en nombre de calculs que celle passant par l'évaluation explicite de H_k.

Algorithme général d'une méthode quasi Newton à mémoire limitée

L'algorithme d'une méthode quasi Newton à mémoire limitée n'est qu'une variante de l'algorithme quasi Newton incluant une représentation de l'approximation H_k par m paires de vecteurs s_i, y_i avec $i = k - 1, \cdots, k - m$. L'algorithme est de la forme :

```
Choisir un point de départ x₀, un entier m > 0;
k ← 0;
Tant que critère d'arrêt non observé, faire {
```
$\qquad$ Choisir H_k^0 défini positif;

$\qquad$ Calculer $p_k = -H_k \nabla J_k$ via la proc. de Nocedal;

$\qquad$ Sélectionner α_k selon les conditions de Wolfe;

$\qquad$ Calculer $x_{k+1} = x_k + \alpha_k p_k$;

$\qquad$ $s_k = x_{k+1} - s_k$,

$\qquad$ $y_k = \nabla J_{k+1} - \nabla J_k$;

$\qquad$ si $k > m$, remplacer la paire (s_{k-m}, y_{k-m}) par la paire (s_k, y_k);

$\qquad$ $k = k + 1$.

```
}
```

Deuxième partie

Aspects pratiques

Chapitre 5

Comparaison des implémentations

Le présent chapitre concerne la comparaison théorique de deux implémentations différentes de la méthode quasi-Newton à mémoire limitée et désignées respectivement par M1QN3 et LBFGS (annexes A et B). La comparaison de ces dernières s'appuie sur l'analyse de la manière dont les différentes tâches du programme occupent les ressources du système informatique (direct ou reverse communication) ainsi que du point de vue purement algorithmique. Au niveau algorithmique, l'analyse de ces implémentations porte, d'une part, sur les valeurs prises par certains paramètres assez évidents quant à leur influence sur le comportement du code, et, d'autre part, sur la manière dont s'opèrent les interpolations éventuelles dans la recherche linéaire. Les principaux paramètres pertinents étudiés sont les valeurs d'initialisation et les constantes telles que la première direction de recherche, la longueur du premier pas candidat, la matrice de départ pour les mises à jour de l'approximation de l'inverse du Hessien, les constantes des conditions de Wolfe, le nombre de couples de vecteurs qui servent à approcher l'inverse du Hessien de la fonction coût. Il est clair, en effet, que ces différentes particularités sont susceptibles d'influencer les performances de l'implémentation en fonction de la nature du problème à minimiser. La question concernant la gestion des cas d'exceptions (incompatibilité des valeurs, overflow, etc.) qui, pourtant, constituent un aspect pouvant rendre une implémentation plus ou moins robuste, n'est que très peu abordée dans cette étude. Dans les considérations qui suivent, il est supposé qu'au sein d'une application, une procédure « utilisateur » fait appel au code de minimisation, M1QN3 ou LBFGS, pour calculer une approximation du minimiseur d'une fonction dont l'application a besoin pour sa continuation.

5.1   Remarques préliminaires

Les notations utilisées dans la suite du chapitre sont celles du chapitre précédent auxquelles on ajoute les écritures équivalentes suivantes :

$$x_k^{(i)} = x_k + \alpha_k^{(i)} p_k; \tag{5.1}$$

$$J_k = J(x_k); \tag{5.2}$$

$$\nabla J_k = \nabla J(x_k); \tag{5.3}$$

$$J_k^{(i)} = J(x_k + \alpha_k^{(i)} p_k); \tag{5.4}$$

$$\nabla J_k^{(i)} = \nabla J(x_k + \alpha_k^{(i)} p_k). \tag{5.5}$$

Il est à noter aussi que k et i indexent respectivement les itérations de minimisation et celles de recherche linéaire. C'est-à-dire que l'algorithme principal engendre des itérés indexés par k (notés x_k), et à l'itération k, la recherche linéaire engendre des candidats indexés par i (notés $x_k^{(i)} = x_k + \alpha_k^{(i)} p_k$). Dans les pseudo codes présentés dans ce chapitre, les symboles // annoncent un commentaire d'une ligne alors que les longs commentaires sont encadrés dans /* */. Enfin, les procédures de traitement sont détaillées de plus en plus en cours de chapitre.

5.2   Direct et reverse communication

Au cours des itérations k de minimisation, plus particulièrement dans la recherche linéaire, l'algorithme a besoin de la valeur de la fonction coût J, ainsi que de son gradient ∇J, pour un itéré candidat $x_k^{(i)}$. Il en résulte qu'une routine de calcul des ces valeurs est nécessaire. Dans la technique de « direct communication », c'est le code de minimisation qui dirige l'application : c'est lui qui se charge de l'appel à la routine du calcul de J et ∇J pendant ses itérations. Dans la « reverse communication », c'est plutôt le programme utilisateur qui prend en charge la direction de l'application : il appelle à tour de rôle le code de minimisation et celui du calcul de J et ∇J.

Une première démarcation entre les codes M1QN3 et LBFGS concerne le passage de main entre la procédure de recherche linéaire et celle d'évaluation de J et ∇J en un nouveau point. L'organisation du code M1QN3 correspond tout simplement à l'ordonnancement dicté par l'algorithme de base des méthodes quasi-Newton en utilisant la « direct communication ». LBFGS utilise, pour sa part, la technique de « reverse communication » pour faire des appels au calcul de J et ∇J. Dans les applications couplées [1] PALM, la technique de « reverse communication » permet à l'ensemble des tâches

---

1. Dans le couple du style PALM, plusieurs codes (ou plusieurs composantes à coupler) sont au même niveau de hiérarchie.

relatives à la minimisation de n'occuper les ressources que pendant les instants nécessaires à l'exécution des tâches de minimisation proprement dites. Ces tâches sont : les initialisations, la mise à jour de H_k (l'approximation de l'inverse du Hessien), le calcul de p_k (la direction de recherche), l'estimation de $\alpha_k^{(0)}$ (premier candidat de la longueur du pas), les tests de Wolfe, l'interpolation, le calcul de y_k (la différence des gradients) et de s_k (le pas). Par contre, les évaluations de J et ∇J sont laissées aux soins de la procédure utilisateur qui fait, pour cela, appel à une procédure appropriée.

Cette « reverse communication » est rendue possible par une astuce : en cas de besoin des valeurs de J et ∇J pour un itéré candidat, la routine de recherche linéaire positionne convenablement un drapeau implémenté à cet effet et rend la main au minimiseur qui, aussitôt, la rend à son tour à la procédure utilisateur. Cette dernière demande le J et ∇J puis (r)appelle le code de minimisation qui (re)passe la main à la recherche linéaire. Grâce à la valeur du drapeau convenablement positionné, la recherche linéaire reprend à l'endroit où son exécution avait été interrompue pour ainsi continuer le traitement avec les nouvelles valeurs obtenues de J et ∇J.

La « reverse communication » n'a pas d'incidence sur la vitesse de convergence des itérations, cependant, elle permet de libérer les processeurs d'une partie des codes qui sont momentanément inactifs du fait d'un appel au calcul de J et ∇J. Les processeurs ainsi libérés peuvent alors être employés à d'autre tâches. Cette technique s'avère intéressante face aux problèmes de grande taille car elle limite le temps d'occupation passive des ressources du système informatique. En effet, lorsqu'il s'agit de problèmes de dimension très importante, comme ceux rencontrés en assimilation de données, ce sont les évaluations de la fonction coût et de son gradient qui sont les plus coûteuses en temps parmi les différentes tâches de l'application. Dans de pareilles conditions, le rapport entre le temps de passivité et le temps d'activité de certaines parties du code est assez élevé. Ceci signifie tout simplement un gaspillage des ressources. On peut utilement remarquer que cette façon de procéder par « reverse communication » permet de changer les paramètres du problème au fil des itérations de minimisation. Cette souplesse pourrait être exploitée pour implémenter une solide « coopération » entre la procédure utilisateur et celle de minimisation.

5.2.1 Organisation générale du code M1QN3

L'examen de l'architecture générale du code M1QN3 donne lieu à une re(écriture) en blocs procéduraux comme suit :

```
Procédure utilisateur {
    effectuer quelques initialisations;
```

```
        appeler le calcul de J₀ et ∇J₀;
        appeler minimisation(J₀, ∇J₀);
}
```

```
Procédure minimisation(J₀ , ∇J₀) {
    effectuer quelques initialisations;
    k = 0;
    Tant que critère d'arrêt non observé
    {
        construire Hₖ⁰;
        calculer pₖ = -Hₖ∇Jₖ via la procédure de Nocedal [15];
        estimer αₖ⁽⁰⁾, le candidat initiale;
        appeler recherche-linéaire(Jₖ, ∇Jₖ, αₖ⁽⁰⁾, pₖ);
        /* la rech. lin. calcule αₖ, Jₖ₊₁,
           ∇Jₖ₊₁, sₖ et xₖ₊₁ */;
        yₖ = ∇Jₖ₊₁ - ∇Jₖ;
        k = k + 1;
    }
}
```

```
Procédure recherche-linéaire(Jₖ, ∇Jₖ, αₖ⁽⁰⁾, pₖ) {
    effectuer quelques initialisations;
    appeler procédure de calcul de Jₖ⁽⁰⁾, ∇Jₖ⁽⁰⁾;
    i = 0;
    Tant que tests de Wolfe non satisfaits
    {
        interpoler φ(α) aux nœuds αₖ⁽ⁱ⁻¹⁾ et αₖ⁽ⁱ⁾;
        sélectionner αₖ⁽ⁱ⁺¹⁾; // le nouveau candidat
        appeler le calcul de Jₖ⁽ⁱ⁺¹⁾ et ∇Jₖ⁽ⁱ⁺¹⁾;
        i = i + 1;
    }
}
```

Dans le cas couplé PALM, l'organisation du code M1QN3 montre bien que la procédure de minimisation et la recherche linéaire occupent les ressources informatiques tant que le critère d'arrêt n'est pas observé. En d'autres termes, cette immobilisation des ressources a lieu même lorsque ces procédures sont inactives en attendant de nouvelles valeurs de la fonction et de son gradient en provenance de la procédure ad hoc. Il s'en suit que pendant les attentes, quatre procédures au moins occupent les ressources du système : la procédure utilisateur, la procédure de minimisation, la recherche linéaire ayant demandé l'évaluation de la fonction et de son gradient et la routine en charge de cette évaluation qui est, dans ce cas, la seule à être réellement active.

Il convient enfin de noter que le nom d'invocation de la routine de calcul de J et ∇J est passé au code parmi les paramètres de sorte que le code de minimisation ne se réfère plus à la procédure utilisateur pour ce calcul.

5.2.2 Organisation générale du code LBFGS

Le code LBFGS s'implémente suivant une architecture gérant un drapeau dont le seul rôle est de permettre le bon ordonnancement du transfert de contrôle entre la recherche linéaire, la procédure de minimisation et la procédure utilisateur avant et après invocation de la routine de calcul de J et ∇J. Le positionnement de ce drapeau se réalise uniquement dans la procédure de recherche linéaire.

Les tests de Wolfe (au sein de la recherche linéaire) conduisent, selon les résultats, aux deux actions qui consistent

- soit à trouver le candidat suivant, $\alpha_k^{(i+1)}$, puis à évaluer $J_k^{(i+1)}$ et $\nabla J_k^{(i+1)}$ afin de soumettre ce nouveau candidat aux tests de Wolfe ;
- soit à retourner à la procédure de minimisation pour effectuer l'itération suivante, $k+1$, pour autant, bien entendu, que le critère d'arrêt ne soit pas observé.

Le rôle du drapeau est alors défini de la manière suivante : sa levée indique un nouveau besoin de la fonction et du gradient, tandis que sa baisse correspond à la demande de passage à l'itéré suivant ou à la terminaison de la minimisation selon le cas. Il s'en suit que la remise du contrôle à la procédure de minimisation par la recherche linéaire avec un drapeau baissé conduit (si la minimisation n'est pas arrêtée) à une nouvelle itération $k+1$, etc. Par contre le retour dans la procédure de minimisation avec un drapeau levé provoque, sans autre condition supplémentaire, un retour dans la procédure utilisateur pour demander de nouvelles évaluations de J et ∇J. En conséquence, un passage de main à la recherche linéaire avec le drapeau baissé signifie que les valeurs disponibles de J et ∇J sont relatives au candidat initial pour l'itération k en cours. Par contre, un appel (en fait un rappel) àn lan recherche linéaire avec le drapeau levé montre que les tests de Wolfe n'ont pas été précédemment satisfaits par le candidat $\alpha_k^{(i)}$ et qu'il s'agit cette-fois d'un nouveau candidat $\alpha_k^{(i+1)}$, pour la même itération k.

Une re(écriture) procédurale du code LBFGS fournirait les blocs suivants

Procédure utilisateur

```
{
    effectuer quelques initialisations;
    baisser le drapeau;
    k = 0;
```

```
i = 0;
Tant que critère d'arrêt non observé
{
    appeler procédure de calcul de J_k^(i) et ∇J_k^(i);
    appeler minimisation(J_k, ∇J_k);
}
}
```

Procédure minimisation(J_k, ∇J_k)

```
{
    effectuer quelques initialisations;
    Répéter
    {
        Si drapeau baissé
        {
            calculer p_k ;
            estimer α_k^(0);
        }
        Appeler recherche-linéaire(J_k, ∇J_k, α_k^(0), p_k);
        Si drapeau levé alors quitter la boucle;
        y_k = ∇J_{k+1} − ∇J_k;
        construire H_{k+1}^0;
        k = k + 1;
    } Tant que critère arrêt non observé
}
```

Procédure recherche-linéaire(J_k, ∇J_k, $\alpha_k^{(0)}$, p_k)

```
{
    Si drapeau baissé
    {
        effectuer des initialisations;
        i = 0;
        lever drapeau; // d'où calcul de J_k^(0) et ∇J_k^(0)
    }
    Sinon // drapeau levé
    {
        Si les tests de Wolfe non satisfaits
        {
            interpoler φ(α) aux nœuds α_k^(i-1) et α_k^(i);
            sélectionner α_k^(i+1) ;// le nouveau candidat
            /* drapeau resté levé, d'où calcul prochain
            de J_k^(i+1) et ∇J_k^(i+1) */
            i = i + 1;
```

```
      }
      Sinon
      {
          baisser drapeau;
      }
   }
}
```

Dans l'organisation ci-dessus, l'appel de l'évaluation de $J_k^{(i)}$ et $\nabla J_k^{(i)}$ ne se fait qu'au sein de la procédure utilisateur. La recherche linéaire se limite à en exprimer le besoin par un positionnement adéquat du drapeau. Les choses se passent comme si la boucle de la recherche linéaire était gérée de l'extérieur par la procédure utilisateur, une variable appropriée faisant office du drapeau d'ordonnancement du contrôle.

En clair, la situation se présente comme suit :

- la procédure utilisateur baisse le drapeau une seule fois, au démarrage. Par contre, il reprend la main de la procédure de minimisation avec un drapeau levé à moins que ce retour ne soit provoqué par la fin de la minimisation. Par conséquent, mis à part la toute première itération $k = 0$, la procédure utilisateur appelle toujours la procédure de minimisation avec le drapeau levé.
- Lorsque la procédure de minimisation reprend le contrôle de celle de recherche linéaire, elle ne le rend à son tour à la procédure utilisateur qu'à l'observation du critère d'arrêt ou en cas de drapeau levé.
  Si le critère d'arrêt n'est pas observé et que le drapeau est baissé (ce qui signifie que les conditions de Wolfe viennent d'être remplies), la procédure de minimisation passe à l'itération suivante, puis rappelle la recherche linéaire.
- Les conditions de Wolfe ne sont évaluées que si le drapeau est levé. La satisfaction de ces conditions fait baisser ce dernier, sinon il est laissé levé. On conçoit bien que la seule possibilité de sortir de la recherche linéaire avec le drapeau baissé est le cas où les conditions de Wolfe sont satisfaites, conduisant ainsi au passage à l'itération suivante ou à la terminaison de la minimisation. D'autre part, rentrer dans la procédure de recherche linéaire avec un drapeau baissé provoque des initialisations et fait lever le drapeau.

Enfin, il est important de constater que la procédure utilisateur travaille ici en boucle contrairement à ce qui se passe dans le code M1QN3.

5.3   Calcul de p_0 et de α_0

Les deux implémentations M1QN3 et LBFGS calculent la toute première direction de recherche sur base de la plus forte pente, c'est-à-dire $-\nabla J_0$, le vecteur opposé au gradient de la fonction à minimiser au point initial, x_0.

Dans le code M1QN3, cette première direction de descente est mise à l'échelle par le facteur $\frac{J_0}{||\nabla J_0||^2}$. La longueur candidate du premier pas, $\alpha_0^{(0)}$, est prise égale à l'unité. Cette mise à l'échelle, dite de Fletcher, se justifie par le fait que disposant de J_0 et ∇J_0, on peut construire une approximation linéaire de $J(x_0 + p)$:

$$J(x_0 + p) \approx J_0 + \nabla J_0^T p. \tag{5.6}$$

Il est clair que cette approximation s'annule au point $p_0 = \frac{J_0}{||\nabla J_0||^2}(-\nabla J_0)$. En particulier, lorsque la fonction à minimiser est réputée positive, telle que celle émanant des problèmes de moindres carrés [2], nous pouvons prendre la valeur zéro comme minorant du minimum et considérer le vecteur p_0 comme une première approximation du minimiseur de la fonction. Dans l'implémentation du code M1QN3 les valeurs relatives au pas initial sont les suivantes

$$
\begin{aligned}
p_0 &= \frac{J_0}{||\nabla J_0||^2}(-\nabla J_0), \\
\alpha_0^{(0)} &= 1, \\
s_0^{(0)} &= \frac{J_0}{||\nabla J_0||}(-\nabla J_0).
\end{aligned}
\tag{5.7}
$$

Le code LBFGS considère lui aussi la plus forte pente comme toute première direction de recherche linéaire sans toutefois la mettre à l'échelle. En revanche, $\alpha_0^{(0)}$ est mise à l'échelle par le facteur $\frac{1}{||\nabla J_0||}$. De cette manière, les valeurs relatives au pas initial sont calculées comme suit

$$
\begin{aligned}
p_0 &= -\nabla J_0, \\
\alpha_0^{(0)} &= \frac{1}{||\nabla J_0||}, \\
s_0^{(0)} &= \frac{1}{||\nabla J_0||}(-\nabla J_0).
\end{aligned}
\tag{5.8}
$$

Dans cette implémentation, le pas candidat initial a une norme unitaire.

Les normes des pas candidats initiaux sont différents d'un facteur de $\frac{J_0}{||\nabla J_0||}$ dans les deux implémentations.

---

2. De plus, dans le cas idéal (non réalisable en pratique) concernant les problèmes de moindres carrés avec des données et un modèle infiniment précis, la fonction coût prendrait la valeur zéro comme minimum. Ceci signifie que plus le modèle et les données sont précis, plus l'approximation est justifiée.

5.4   Calcul de $H_k p_k$ et mise à l'échelle de H_k^0

Le calcul de $H_k p_k$ se fait par le truchement de l'algorithme de Nocedal présenté au quatrième chapitre. La matrice H_k^0 est en général diagonale.

Le code M1QN3 possède deux méthodes de construction (conditionnement) de la matrice H_k^0, le « Scalar Initial Scaling » (SIS) et le « Diagonal Initial Scaling » (DIS). Le SIS construit, à chaque pas, cette matrice initiale comme un multiple de la matrice identité $\beta_k I$ où le facteur β_k est donné par :

$$\beta_k = \frac{y_k^T s_k}{y_k^T y_k}. \tag{5.9}$$

Cette formule a pour but de donner à H_k^0 une taille proche, en un certain sens, de celle de $\nabla^2 J_k^{-1}$, la matrice inverse du Hessien de la fonction coût en x_k. Le DIS, plus élaboré que le SIS, demande un vecteur de stockage supplémentaire et donnerait de meilleurs résultats. La matrice H_k^0, toujours diagonale, n'est plus forcément un multiple de l'identité. Si on désigne cette matrice par D_k et ses éléments diagonaux par $D_k^{(j)}$, la mise à jour de ces éléments se réalise suivant la formule :

$$D_{k+1}^{(j)} = \left(\frac{y_k^T D_k y_k}{(y_k^T s_k) D_k^{(j)}} + \frac{(y_k^T e_j)^2}{y_k^T s_k} - \frac{(y_k^T D_k y_k)(s_k^T e_j)^2}{(y_k^T s_k)(s_k^T D_k^{-1} s_k)(D_k^{(j)})^2} \right)^{-1} , \tag{5.10}$$

où les e_j ne sont rien d'autre que les vecteurs de la base canonique de R^n.

Le code LBFGS, pour sa part, se restreint au cas du multiple de l'identité $\beta_k I$, comme dans le cas du SIS, tout en prévoyant, en revanche, la possibilité d'introduction [3] de la matrice H_k^0 matrice par l'utilisateur, à l'appel du code, et par conséquent à chaque itération de minimisation à cause de son caractère de reverse communication.

5.5   Recherche linéaire

Le but de la recherche linéaire est de trouver une longueur de pas α_k qui provoque une diminution suffisante de la fonction $J_k(x)$ dans la direction de recherche p_k et qui satisfait la condition de la courbure. Ces exigences peuvent se traduire par les conditions de Wolfe que nous rappelons :

$$\begin{array}{rl} \phi(\alpha_k) \leq & \phi(0) + c_1 \alpha_k \phi'(0), \\ \phi'(\alpha_k) \geq & c_2 \phi'(0), \end{array} \tag{5.11}$$

---

3. Il existe une disposition similaire dans le M1QN3 appelé « warm restart » comme il sera expliqué plus loin.

avec $0 < c_1 < c_2 < 1$, et, où

$$\phi(\alpha_k) = J(x_k + \alpha_k p_k), \qquad (5.12)$$

$$\phi(0) = J(x_k), \qquad (5.13)$$

$$\phi'(\alpha_k) = \nabla J(x_k + \alpha_k p_k)^T p_k, \qquad (5.14)$$

$$\phi'(0) = \nabla J(x_k)^T p_k. \qquad (5.15)$$

Cette recherche se réalise par des tests sur des valeurs candidates $\alpha_k^{(i)}$, $i = 0, 1, 2, \ldots$ effectués itérativement tant que les conditions de Wolfe ne sont pas satisfaites. La première valeur candidate $\alpha_k^{(0)}$ est estimée au sein de la procédure de minimisation. La production des éventuels candidats suivants $\alpha_k^{(i)}$, $i = 0, 1, 2, \ldots$ se réalise par interpolation au sein de la recherche linéaire.

5.5.1   Recherche linéaire dans le code M1QN3

Pour entamer la recherche de la longueur du pas, la procédure vérifie que le candidat $\alpha_k^{(0)}$ satisfait les conditions de Wolfe, sachant que des valeurs acceptables se trouvent dans l'intervalle de confiance initial $]\alpha_-^{(0)}, \alpha_+^{(0)}[$ équivaut $]0, \infty[$. Si cette valeur n'est pas satisfaisante, elle est utilisée pour mettre à jour l'intervalle de confiance initial en s'assurant que ce dernier continue à contenir de bonnes longueurs de pas. On note que les bornes inférieure et supérieure de l'intervalle de confiance sont respectivement $\alpha_-^{(0)}$ et $\alpha_+^{(0)}$. La sélection d'un éventuel nouveau candidat se fait par le biais d'une procédure d'interpolation de $\phi(\alpha)$ qui est expliquée dans la suite. Tant qu'un candidat acceptable n'est pas trouvé, l'intervalle de confiance est réduit [4] de sorte que $\alpha_-^{(i+1)} \geq \alpha_-^{(i)}$ et $\alpha_+^{(i+1)} \leq \alpha_+^{(i)}$ mais il garde toujours des longueurs acceptables en son sein. La réduction ne doit pas conduire à un intervalle infiniment petit où à une suite infinie d'intervalles.

L'algorithme schématique de recherche et réduction d'intervalle est le suivant :

Boucler
```
{
    // premier test de Wolfe
    Si φ_k^(i) ≤ φ_k^(i-1) + c_1αφ'_k^(i) {
        //deuxième test de Wolfe
        Si φ'_k^(i) ≥ c_2φ'_k^(i-1) {
            accepter le pas ;
            quitter la boucle;
        }
```

---

4. La réduction ou mise à jour de l'intervalle se fait sur une borne à la fois.

```
    Sinon {
        α_−^(i+1) = α_k^(i) ;
            déplacement de la borne inférieure
    }
}
Sinon {
    α_+^(i+1) = α_k^(i) ;
        déplacement de la borne supérieure
}
interpoler φ(α) aux nœuds α_k^(i−1) et α_k^(i) ;
sélectionner α_k^(i+1) dans ]α_−^(i+1), α_+^(i+1)[;
appeler le calcul de J_k^(i+1), ∇J_k^(i+1) ;
i = i + 1;
}
```

Les deux tests demandent que la fonction ait suffisamment descendu et que la dérivée ait suffisamment augmenté pour accepter la longueur candidate. En cas d'échec des tests de Wolfe, la sélection du nouveau candidat se fait après interpolation de la fonction $\phi(\alpha)$.

Intervalle de recherche. En réalité, au moment de la sélection du pas $\alpha_k^{(i+1)}$, un intervalle un peu plus petit est utilisé, l'intervalle de recherche. Si un intervalle de confiance fini est déjà trouvé, c'est-à-dire $\alpha_+^{(i)} < \infty$, la recherche s'effectue dans $]\alpha_-^{(i+1)} + \delta_i, \alpha_+^{(i+1)} - \delta_i[$ où δ_i est une fraction η_i de l'amplitude $|\alpha_+^{(i+1)} - \alpha_-^{(i+1)}|$ de l'intervalle de confiance. La valeur de la fraction η_i est mise à jour à chaque nouvelle sélection i, la valeur initiale étant la même pour toutes les itérations k. Si, par contre, une borne supérieure finie n'est pas encore trouvée, l'intervalle de recherche est déterminé par $](1 + \eta_i)\alpha_k^{(i+1)}, 10\alpha_k^{(i+1)}[$.

Elimination d'une longueur candidate initiale anormale. On note qu'à son appel par la procédure de minimisation, la recherche élimine tout candidat initial $\alpha_k^{(0)}$ trop petit ou trop grand. Les limites sont fixées par un intervalle $[\alpha_{min}, \alpha_{max}]$. Les valeurs prises par ces paramètres [5] sont :

$$\alpha_{min} = \frac{\epsilon}{||\nabla J_0||_\infty}, \tag{5.16}$$

$$\alpha_{max} = 10^{20}. \tag{5.17}$$

---

5. La norme $||x||_\infty$ est définie par $\max_j |x_j|$, $j = 1, 2, \ldots n$.

La valeur de $\alpha_k^{(0)}$ est ramenée à α_{min} si elle lui est inférieure ; de même, elle est descendue à α_{max} au cas où elle dépasse cette valeur. C'est-à-dire si le candidat est à l'extérieur de l'intervalle, il prend la valeur de la borne qui lui est la plus proche.

Interpolation

Lorsque les tests de Wolfe ne sont pas vérifiés pour une valeur candidate, la recherche exécute une interpolation systématiquement cubique qui fournit le quadrinôme $\phi_c(\alpha) = a_3\alpha^3 + a_2\alpha^2 + a_1\alpha + a_0$ de dérivée $\phi'_c(\alpha) = 3a_3\alpha^2 + 2a_2\alpha + a_1$. Les deux nœuds initiaux d'interpolation sont $\alpha = 0$ et $\alpha = \alpha_k^{(0)}$. Les quatre valeurs nodales nécessaires à l'interpolation sont les valeurs de ϕ et ϕ' aux nœuds. Les autres interpolations i éventuelles suivantes considèrent $\alpha = \alpha_k^{(i-1)}$ et $\alpha = \alpha_k^{(i)}$ comme points nodaux.

Les équations d'interpolation sont :

$$\begin{pmatrix} (\alpha_k^{(i)})^3 & (\alpha_k^{(i)})^2 & \alpha_k^{(i)} & 1 \\ (\alpha_k^{(i-1)})^3 & (\alpha_k^{(i-1)})^2 & \alpha_k^{(i-1)} & 1 \\ 3(\alpha_k^{(i)})^2 & 2\alpha_k^{(i)} & 1 & 0 \\ 3(\alpha_k^{(i-1)})^2 & 2\alpha_k^{(i-1)} & 1 & 0 \end{pmatrix} \begin{pmatrix} a_3 \\ a_2 \\ a_1 \\ a_0 \end{pmatrix} = \begin{pmatrix} \phi_k^{(i)} \\ \phi_k^{(i-1)} \\ \phi'^{(i)}_k \\ \phi'^{(i-1)}_k \end{pmatrix}. \quad (5.18)$$

Ce qui donne, a_0 n'étant pas utilisé pour la suite des calculs, les résultats suivants :

$$a_3 = \frac{\phi'^{(i)}_k + \phi'^{(i-1)}_k - 2\tau}{(\alpha_k^{(i)} - \alpha_k^{(i-1)})^2}, \quad (5.19)$$

$$a_2 = \frac{\phi'^{(i)}_k - \tau}{\alpha_k^{(i)} - \alpha_k^{(i-1)}} - a_3(2\alpha_k^{(i)} + \alpha_k^{(i-1)}), \quad (5.20)$$

$$a_1 = \tau - a_3([\alpha_k^{(i)}]^2 + \alpha_k^{(i-1)}\alpha_k^{(i)} + [\alpha_k^{(i-1)}]^2) - a_2(\alpha_k^{(i)} + \alpha_k^{(i-1)}) \quad (5.21)$$

avec

$$\tau = \frac{\phi_k^{(i)} - \phi_k^{(i-1)}}{\alpha_k^{(i)} - \alpha_k^{(i-1)}}. \quad (5.22)$$

Le discriminant réduit du trinôme $3a_3\alpha^2 + 2a_2\alpha + a_1$, dérivé de $\phi_c(\alpha)$ vaut :

$$\Delta = a_2^2 - 3a_3a_1. \quad (5.23)$$

Si le discriminant est non négatif, les deux optimiseurs (maximiseur et minimiseur) de la cubique s'écrivent :

$$\tilde{\alpha}_k^{(i)} = \frac{a_2 \pm \sqrt{\Delta}}{3a_3}. \quad (5.24)$$

La courbure est donnée par $\phi''_c(\alpha) = 6a_3\alpha + 2a_2$.

Sélection du pas

Lorsque le minimiseur de la cubique existe, $\Delta > 0$, le candidat suivant, $\alpha_k^{(i+1)}$, est le minimiseur de la cubique si celui-ci est à l'intérieur de l'intervalle de recherche, sinon on prend la borne de l'intervalle de recherche la plus proche du minimiseur. Au cas où le minimiseur n'existe pas, $\alpha_k^{(i+1)}$ prend la valeur de la borne inférieure ou de la borne supérieure de l'intervalle de confiance selon que la dérivée ${\phi'}_k^{(i+1)} \geq 0$ ou ${\phi'}_k^{(i+1)} < 0$.

Recherche linéaire exacte

Il existe une variante du code M1QN3, écrite par A. Weaver [11] baptisée M1QN3W qui implémente une recherche linéaire exacte qui ne fait naturellement pas intervenir les tests de Wolfe. Cette recherche se justifie parfaitement pour la minimisation des problèmes quadratiques.

En effet, lorsque la fonction coût $J(x)$ est quadratique, la fonction univariée $\phi(\alpha) = J(x_k + \alpha p_k)$, l'est également. Si on dispose des valeurs $\phi(0) = J(x_k)$, $\phi'(0) = \nabla J(x_k)p_k$, $\alpha_k^{(0)}$ et $\phi'(\alpha_k^{(0)}) = \nabla J(x_k + \alpha_k^{(0)} p_k)p_k$, alors la quadratique univariée est entièrement déterminée. Par conséquent, il est possible d'en déterminer les éléments minimaux [6]. En effet, le minimiseur $\tilde{\alpha}_k^{(0)}$ de la quadratique univariée se calcule par la formule :

$$\tilde{\alpha}_k^{(0)} = \alpha_k^{(0)} \frac{\phi'(0)}{\phi'(\alpha_k^{(0)}) - \phi'^{(0)}}, \tag{5.25}$$

et la valeur minimale de la fonction quadratique univariée est donnée par :

$$\phi(\tilde{\alpha}_k^{(0)}) = \phi(\alpha_k^{(0)}) + \frac{1}{2}\tilde{\alpha}_k^{(0)}\phi'^{(0)}. \tag{5.26}$$

Il est clair qu'on peut écrire :

$$\alpha_k = \tilde{\alpha}_k^{(0)} \tag{5.27}$$
$$x_{k+1} = x_k + \alpha_k p_k \tag{5.28}$$
$$J_{k+1} = \phi(\tilde{\alpha}_k^{(0)}) \tag{5.29}$$

Le gradient $\nabla J_{k+1} = \nabla J(x_k + \alpha_k p_k)$ est approché en utilisant les approximations de la courbure :

$$\nabla J(x_k + \alpha_k^{(0)} p_k) - \nabla J(x_k) \approx \alpha_k^{(0)} p_k^T \nabla^2 J(x_k) \tag{5.30}$$
$$\nabla J(x_k + \alpha_k p_k) - \nabla J(x_k) \approx \alpha_k p_k^T \nabla^2 J(x_k) \tag{5.31}$$

---

6. En supposant qu'il s'agit d'une quadratique convexe.

en divisant la première et la deuxième égalité respectivement par $\alpha_k^{(0)}$ et α_k. En passant ensuite à l'identification des seconds membres, on obtient :

$$\nabla J_{k+1} = \nabla J_k - \frac{\alpha_k}{\alpha_k^{(0)}}(\nabla J_k - \nabla J_k^{(0)}). \tag{5.32}$$

Dans cette recherche linéaire, à chaque itération, on a besoin d'une fonction et de deux gradients, c'est-à-dire, J_k, $\nabla J_k p_k$ et $\nabla J_k^{(0)}$. La recherche linéaire permet de calculer J_{k+1} et $\nabla J_{k+1} p_k$ qui sont valeurs de l'itération prochaine. Celle-ci ne calculera plus que $\nabla J_{k+1}^{(0)}$ et ainsi de suite. Il est intéressant de remarquer qu'en utilisant la recherche linéaire exacte, J_{k+1} ne devrait pas être évalué par une routine particulière, mais simplement calculé dans la procédure de recherche linéaire.

5.5.2   Recherche linéaire dans le code LBFGS

Les conditions de Wolfe sont similaires à celles implémentées dans le code M1QN3. La recherche réalisée à l'aide de la minimisation des fonctions univariées d'interpolation au sein d'un intervalle de confiance. Ceci étant, la longueur du pas recherchée doit être contenue dans cet intervalle. Cet intervalle de confiance est mise à jour à chaque itération j, par rétrécissement. Rappelons que les bornes inférieure et supérieure de l'intervalle sont désignées respectivement par $\alpha_-^{(i)}$ et $\alpha_-^{(i)}$. En outre, l'indice k est relatif aux itérations de minimisation et l'indice j concerne les itérations de recherche linéaire de la longueur du pas.

Interpolation

Il existe une différence dans la manière d'interpoler du code LBGFS. Ce code opère deux interpolations : une cubique comme le code M1QN3 et deux quadratiques de la forme $a_2\alpha^2 + a_1\alpha + a_0$.

Les deux interpolations quadratiques sont construites en utilisant comme points nodaux $\alpha_k^{(i-1)}$ et $\alpha_k^{(i)}$. La première interpolation quadratique choisit comme valeurs nodales $\phi'(\alpha_k^{(i-1)})$ et $\phi'(\alpha_k^{(i)})$, la deuxième choisit, par contre, $\phi(\alpha_k^{(i-1)})$, $\phi(\alpha_k^{(i)})$ et $\phi'(\alpha_k^{(i-1)})$. Pour déterminer a_2 et a_1 (encore une fois, le coefficient a_0 n'est pas exploité dans la suite des calculs), les deux quadratiques font appel aux systèmes respectifs suivants :

$$\begin{pmatrix} 2\alpha_k^{(i-1)} & 1 \\ 2\alpha_k^{(i)} & 1 \end{pmatrix} \begin{pmatrix} a_2 \\ a_1 \end{pmatrix} = \begin{pmatrix} \phi'^{(i-1)}_k \\ \phi'^{(i)}_k \end{pmatrix} \tag{5.33}$$

et

$$\begin{pmatrix} [\alpha_k^{(i-1)}]^2 & \alpha_k^{(i-1)} & 1 \\ \alpha_k^{(i-1)} & 1 & 0 \\ [\alpha_k^{(i)}]^2 & \alpha_k^{(i)} & 1 \end{pmatrix} \begin{pmatrix} a_2 \\ a_1 \\ a_0 \end{pmatrix} = \begin{pmatrix} \phi_k^{(i-1)} \\ \phi'_k^{(i-1)} \\ \phi_k^{(i)} \end{pmatrix}. \tag{5.34}$$

La deuxième manière d'interpoler sera dite de la « sécante » , alors que le vocable quadratique sera réservée à la première. Ceci permet de faire la différence[7] entre les deux types d'interpolations dans la suite.

Les calculs du minimum se font respectivement de la manière suivante :

$$\tilde{\alpha}_k^{(i)} = \alpha_k^{(i)} - \phi'_k^{(i)} \frac{\alpha_k^{(i)} - \alpha_k^{(i-1)}}{\phi'_k^{(i)} - \phi'_k^{(i-1)}} \tag{5.35}$$

pour l'interpolation quadratique, et

$$\tilde{\alpha}_k^{(i)} = \alpha_k^{(i-1)} - \frac{\phi'_k^{(i-1)}}{2} \frac{\alpha_k^{(i-1)} - \alpha_k^{(i)}}{\frac{\phi_k^{(i)} - \phi_k^{(i-1)}}{\alpha_k^{(i)} - \alpha_k^{(i-1)}} - \phi'_k^{(i-1)}}. \tag{5.36}$$

pour l'interpolation « sécante ». La courbure est donnée par les formules suivantes :

$$a_2 = \frac{1}{2} \frac{\phi'_k^{(i)} - \phi'_k^{(i-1)}}{\alpha_k^{(i)} - \alpha_k^{(i-1)}} \tag{5.37}$$

$$a_2 = \frac{1}{\alpha_k^{(i)} - \alpha_k^{(i-1)}} \left(\frac{\phi_k^{(i)} - \phi_k^{(i-1)}}{\alpha_k^{(i)} - \alpha_k^{(i-1)}} - \phi'_k^{(i)} \right) \tag{5.38}$$

respectivement. La sélection[8] du nouveau candidat s'effectue selon quatre cas :

```
procédure interpolation {
    Si φ_k^(i) > φ_-^(i) {
        *** premier cas ***
    }
    Sinon
        Si φ'_-^(i) et φ'_k^(i) de signes contraires {
            *** deuxième cas ***
        }
        Sinon
```

---

7. C'est la terminologie utilisée dans le code LBFGS.
8. On utilise la même notation que précédemment pour désigner les bornes de l'intervalle de confiance.

```
Si |φ'_k^(i)| ≤ |φ'_-^(i)| {
    *** troisième cas ***
}
Sinon {
    *** quatrième cas ***
}
```

Avant de détailler les quatre cas, désignons par $\tilde{\alpha}_c^{(i)}$, $\tilde{\alpha}_q^{(i)}$ et $\tilde{\alpha}_s^{(i)}$, les minimiseurs respectifs de la cubique, la quadratique et la sécante.

Premier cas : dans ce premier cas, les minimiseurs (de la cubique ou de la quadratique) sont encadrés par $\alpha_k^{(i)}$ et $\alpha_-^{(i)}$. On choisit le nouveau candidat $\alpha_k^{(i+1)}$ de la manière suivante :

$$\alpha_k^{(i+1)} = \begin{cases} \tilde{\alpha}_c^{(i)}, & si \quad |\alpha_c^{(i)} - \alpha_-^{(i)}| > |\alpha_q^{(i)} - \alpha_-^{(i)}|, \\ \frac{\alpha_c^{(i)} + \alpha_q^{(i)}}{2} & sinon. \end{cases} \tag{5.39}$$

L'idée est d'une part de ne pas trop s'éloigner de la borne inférieure de l'intervalle de confiance et d'autre part de privilégier le minimum de la cubique vue qu'il contient plus d'informations relatives à la fonction interpolée. Cette dernière considération se justifierait par la limitation du risque de voir $\alpha_k^{(i+1)}$ augmenter la valeur de la fonction interpolée. En effet, comme dans ce premier cas la fonction univariée est plus élevée en $\alpha_k^{(i)}$ qu'en $\alpha_-^{(i)}$, il existe toute un domaine de valeurs de α pour lesquelles cette fonction interpolée augmente.

Deuxième cas : dans ce deuxième cas le choix du prochain candidat se fait entre le minimiseur de la cubique et celui de la sécante de la manière suivante :

$$\alpha_k^{(i+1)} = \begin{cases} \tilde{\alpha}_c^{(i)}, & si \quad |\alpha_c^{(i)} - \alpha_-^{(i)}| > |\alpha_s^{(i)} - \alpha_-^{(i)}|, \\ \frac{\alpha_c^{(i)} + \alpha_s^{(i)}}{2} & sinon. \end{cases} \tag{5.40}$$

Troisième cas : dans ce troisième cas, la fonction n'augmente pas mais sa dérivée garde le signe négatif tout en augmentant (diminuant en valeur absolue). Dans ce cas, la cubique pourrait ne pas avoir de minimiseur. Quand bien même celui-ci existerait, il pourrait être dans une mauvaise direction. Le minimiseur de la « sécante », $\tilde{\alpha}_s^{(i)}$, pour sa part, existe toujours et se trouve dans la bonne direction. Dans la situation où la cubique tend vers l'infini dans la direction du pas et son minimiseur est inférieur à $\alpha_k^{(i)}$, on applique la règle suivante :

$$
\alpha_k^{(i+1)} = \begin{cases} \tilde{\alpha}_c^{(i)}, & si \quad |\alpha_c^{(i)} - \alpha_-^{(i)}| < |\alpha_s^{(i)} - \alpha_-^{(i)}|, \\ \tilde{\alpha}_s^{(i)}, & sinon. \end{cases} \tag{5.41}
$$

autrement, $\alpha_k^{(i+1)} = \tilde{\alpha}_s^{(i)}$. Dans tous les cas $\alpha_k^{(i+1)}$ sera ajusté dans l'intervalle de la manière suivante :

$$
\alpha_k^{(i+1)} = \begin{cases} \min[\alpha_k^{(i)} + \delta(\alpha_+^{(i)} - \alpha_k^{(i)}), \alpha_k^{(i+1)}], & si \quad \alpha_k^{(i)} > \alpha_-^{(i)} \\ \max[\alpha_k^{(i)} + \delta(\alpha_+^{(i)} - \alpha_k^{(i)}), \alpha_k^{(i+1)}], & sinon. \end{cases} \tag{5.42}
$$

où la fraction δ est prise égale à 0.66.

Quatrième cas : le quatrième cas est relatif à la situation où la fonction n'augmente pas et que la dérivée garde son signe négatif et diminue (augmente en valeur absolue). Le prochain candidat, $\alpha_k^{(i+1)}$, est le minimiseur de la cubique.

Il est évident que la recherche linéaire implémentée dans le code LBFGS est plus élaborée que celle du code M1QN3. On peut donc espérer qu'il donne plus de robustesse au code de minimisation face à un problème non quadratique.

5.6 Démarrage à froid et redémarrage à chaud (cold start et warm start)

L'algorithme de base des méthodes quasi-Newton démarre sans aucun a priori sur des informations quelconques concernant les éléments de la première approximation de l'inverse du Hessien. Ce mode de fonctionnement normal des codes LBFGS et M1QN3 est appelé démarrage à froid (cold start). Cela signifie que l'approximation de l'inverse du Hessien part de rien et se construit au fur et à mesure des itérations.

Le code M1QN3 offre la possibilité de fonctionner avec un redémarrage à chaud (warm restart). C'est le cas où plusieurs optimisations sont exécutées séquentiellement sur des problèmes que l'on peut considérer comme ayant des données numériques proches. Il peut alors être intéressant d'utiliser des informations sur l'approximation de l'inverse du Hessien disponibles à la fin de la minimisation d'un problème pour démarrer la même opération sur un nouveau problème numériquement proche. Le LBFGS permet lui aussi ce genre d'injection de valeurs a priori pour la construction de l'approximation de l'inverse du Hessien, l'injection des valeurs extérieures pouvant se faire à toutes les itérations (« reverse communication »).

5.7   Critères d'arrêt

L'utilisateur fournit des limites concernant la précision relative à la norme du gradient, le nombre d'itérations de minimisation (pas), ainsi que le nombre total d'évaluations de la fonction coût et de son gradient. La minimisation est arrêtée lorsqu'au moins une de ces limites est atteinte.

Dans le cas du code M1QN3, la valeur de la précision atteinte est mesurée par le rapport, $\frac{\|g_k\|}{\|g_0\|}$, de la norme du gradient à celle du gradient de départ. Pour sa part, LBFGS utilise, comme mesure de la précision atteinte, le rapport, $\frac{\|g_k\|}{\|x_k\|}$, de la norme du gradient à celle de la variable de contrôle.

5.8   Autres particularités

5.8.1   Allocation mémoire pour H_k

Dans le code M1QN3, le nombre m de couples de vecteurs $\{y_k, s_k\}$ se calcule en fonction de la taille de la mémoire allouée pour cela par l'utilisateur. Par contre, le code LBFGS demande à l'utilisateur de fournir directement la valeur de m. Toutefois, cette différence ne semble revêtir aucune importance pratique particulière.

5.8.2   Stockage des vecteurs de travail

Dans les deux implémentations, tous les vecteurs sont stockés à des endroits spécifiques d'un même tableau linéaire.

- Les n premières positions du tableau sont utilisées pour le stockage du gradient et d'autres informations temporaires ;
- les positions de $n+1$ à $n+m$ servent aux scalaires ρ_i nécessaires à la mise à jour de H_k ;
- les positions de $n+m+1$ à $n+2m$ sont réservées aux nombres γ_i utilisée pour calculer $H_k \nabla J_k$;
- les positions de $n+2m+1$ à $n+2m+nm$ stockent les m derniers couples (y_k, s_k) ;
- les positions $(n+2m+nm+1)$ à $n+2m+2nm$ sont allouées aux m dernières différences de gradients.

5.8.3   Paramètres c_1 et c_2

Les deux implémentations fixent les valeurs des constantes des conditions de Wolfe c_1 et c_2 respectivement à 0.0001 et 0.9.

5.8.4   Pratiques anti-overflow

Le calcul du minimiseur d'une fonction cubique fait entre autre appel à des expressions de type $\sqrt{P^2 - Q}$. Lorsque certaines conditions sont réalisées ($\sqrt{P}$ pas très petit face à Q), le code M1QN3, remplace une telle expression par $\sqrt{P}\sqrt{P - \frac{Q}{\sqrt{P}}}$ qui lui est mathématiquement équivalente mais qui est moins enclin à provoquer l'overflow du fait de l'absence d'une grandeur élevée au carré.

Dans LBFGS, le calcul de la moyenne de deux variables positives A et B est réalisé par $(A - B)/2 + B$. En effet, lorsque les deux grandeurs sont positives et susceptibles de prendre des valeurs très élevées, le calcul de la moyenne par l'expression courante $(A + B)/2$ peut poser des problèmes de stockage de la valeur intermédiaire $(A + B)$ avant le calcul final.

Les pratiques anti-overflow sont très indiquées pour des problèmes de grandes tailles et contribuent à rendre le code de minimisation plus robuste.

5.8.5   Paramètres passés aux codes

Les paramètres passés en arguments aux deux codes ne sont pas tous les mêmes. Si la taille du problème, le vecteur de contrôle, le gradient de la fonction coût, la fonction coût sont présents comme arguments d'appel dans les deux implémentations, certains autres arguments sont spécifiques à chaque implémentation. Il faut en outre noter que LBFGS est appelé à chaque itération de minimisation (reverse communication) ; ceci fait que les paramètres changent, de manière générale, d'une itération à une autre alors que M1QN3 n'est appelé qu'une fois et contrôle ainsi les itérations en interne jusqu'à la fin de la minimisation. Les rôles joués par les paramètres sont explicités au début de chaque code.

5.8.6   Gestion des exceptions et des erreurs

Les deux codes prévoient en différents points spécifiques à chacun la gestion des exceptions que l'on peut localiser d'une part, juste après l'appel du code, au moment des initialisations et d'autre part, en cours des traitements de minimisation.

Chapitre 6

Expérimentation numérique

Ce dernier chapitre présente, commente[1], puis interprète[2] les résultats de l'expérimentation numérique d'assimilation des données utilisant un modèle shallow water comme modèle de prévision. Le même modèle, paramétré de façon légèrement différente, est utilisé pour simuler les observations. La formulation de la fonction coût s'est faite selon les approches 4DInc, 4DVar, et 3DFGAT. La tâche de minimisation a été réalisée tour à tour par les codes LBFGS, M1QN3 et sa variante M1QNW. Les informations retenues pour apprécier la performance des algorithmes concernent la réduction de la fonction, la réduction de la norme du gradient ainsi que le nombre d'appel au calcul de ces valeurs au fil des itérations. La prise en compte de la valeur de la norme de la variable de contrôle permettait de vérifier que la minimisation convergeait[3] vers une même valeur de cette variable. L'ensemble des résultats est, d'une part, consigné dans des tableaux situés en annexe du travail et, d'autre part, porté sur des graphiques dans ce chapitre. Ces graphiques sont chaque fois commentés suivant leurs allures. Placée à la fin du chapitre, l'interprétation des résultats s'appuie sur les concepts passés en revue dans l'ensemble des chapitres précédents.

6.1 Environnement informatique de travail

La configuration matérielle utilisée pour les calculs concernant l'expérimentation est basée sur un serveur SGI ORIGIN 2000 de 32 processeurs R10000. Chacun de ces processeurs atteint 500 MFlops de vitesse de pointe

---

1. Il s'agit d'un commentaire descriptif.
2. En revanche, l'interprétation est explicative.
3. En toute rigueur, cela n'est pas suffisant. Toutefois, il est extrêmement peu probable que deux algorithmes divergents conduisent à une même valeur de la fonction, de la norme du gradient et de celle de la variable de contrôle.

donnant ainsi un total de 16 GFlops de vitesse de pointe. La mémoire cache primaire s'élève à 32 KB pour les instructions et autant pour les données. La mémoire cache secondaire possède 4 MB.

La plate-forme logicielle de base est constituée principalement du système d'exploitation Irix 6.5. et des compilateurs F77 et F90. La librairie scientifique implantée sur le système est le Libsci et les librairies de communication sont : le PVM, le MPI et le MPT. Le cvd et le Totalview sont les utilitaires de déboggage disponibles sur la plate-forme. Le banc d'essai est géré par le coupleur PALM, en développement au sein de l'équipe Global Change and Climate Modelling du CERFACS.

6.2   Description des expériences

6.2.1   Construction de la variable de contrôle

Sous sa forme non discrétisée, la variable de contrôle $\vec{x}$ est un champs vectoriel de composantes u, v et h (qui sont respectivement les composantes horizontales de la vitesse de l'eau et sa hauteur) dépendant de la position (x, y) dans le plan et du temps t. On a donc :

$$\vec{x} = (u(x, y, t), v(x, y, t), h(x, y, t))^T. \tag{6.1}$$

La discrétisation temporelle de ce champs vectoriel fournit les N vecteurs suivants

$$\vec{x}_j = (u(x, y, t_j), v(x, y, t_j), h(x, y, t_j))^T, \tag{6.2}$$

aux temps t_j (avec $j = 0, 1, \ldots N$) liés aux observations. On peut alléger l'écriture de ces vecteurs par :

$$\vec{x}_j = (u_j(x, y), v_j(x, y), h_j(x, y))^T. \tag{6.3}$$

L'intégration numérique impose à son tour une discrétisation spatiale des trois composantes u_j, v_j et h_j de chaque vecteur $\vec{x}_j$. Il vient

$$\vec{x}_j = (u_j(x_\eta, y_\mu), v_j(x_\eta, y_\mu), h_j(x_\eta, y_\mu))^T \tag{6.4}$$

où η et μ indexent les pas de discrétisation en x et y, respectivement. Plus simplement [4], on écrira

$$x_j = (u_j^{(\eta,\mu)}, v_j^{(\eta,\mu)}, h_j^{(\eta,\mu)})^T. \tag{6.5}$$

---

4. La flèche du vecteur est omise, puisque le risque de confusion avec la variable spatiale x est affranchi.

où les champs scalaires u_j, v_j et h_j discrétisés sont rangés l'un à la suite de l'autre dans l'ordre indiqué.

Pour chacun des N vecteurs x_j issus de la discrétisation temporelle du champs vectoriel x, la numérotation univoque des valeurs $u_j^{(\eta,\mu)}$, $v_j^{(\eta,\mu)}$ et $h_j^{(\eta,\mu)}$ des composantes u_j, v_j et h_j aux différents noeuds (η, μ) de discrétisation spatiale donne une indexation j des éléments de la variable de contrôle x_j. C'est sous cette dernière forme que la variable est utilisée dans la minimisation

$$x_j = (x_j(0), x_j(1), \ldots, x_j(l), \ldots, x_j(n))^T. \tag{6.6}$$

6.2.2 Génération de l'ébauche et des observations

La génération des données numériques de l'assimilation part d'un même vecteur de conditions initiales avec deux modèles d'évolution ayant des paramètres légèrement différents intégrés sur un période de 11 mois. Le premier jeu de paramètres est qualifié de « prévision » et le second de « vrai ». L'ébauche correspond à l'état produit avec le jeu « de prévision » au bout de cette période de 11 mois. Le modèle intégré au cours de l'assimilation [5] utilise ce même jeu de paramètres. L'état produit au bout des 11 mois par intégration avec les paramètres « vrais » est l'état initial utilisé pour générer les observations au cours de l'assimilation. De ce fait, la production des observations utilise, pour sa part, le modèle « vrai » intégré avec cet état « vrai ».

6.2.3 Construction des opérateurs d'observations

Les opérateurs d'observations effectuent une sélection des valeurs de la variable h selon une image de traces de satellites. La localisation de ces traces est différente chaque jour et se repète périodiquement tous les 7 jours comme le montre la figure 6.1.

6.2.4 Construction des matrices des covariances d'erreurs

En pratique, vu le nombre insuffisant et la disparité des données, il est difficile sinon impossible d'obtenir une estimation précise des covariances. Aussi, même si les données étaient suffisantes, la matrice ne pourrait pas être stockée explicitement mais simplifiée en modélisant les covariances par des fonctions analytiques dépendant d'un nombre limité de paramètres.

---

5. Le début de la période d'assimilation correspond à la fin des 11 mois.

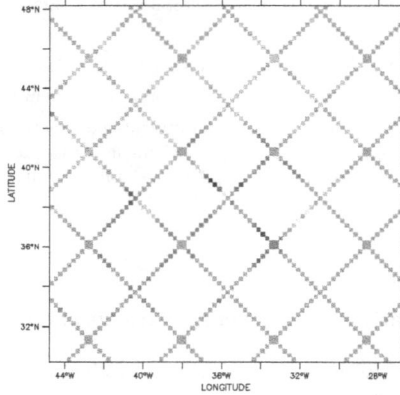

FIGURE 6.1 – Image des traces de satellite, localisation des observations

La matrice des covariances d'erreurs d'ébauche est calculée de manière à ce que les blocs diagonaux contiennent les composantes univariées de la matrice. Par contre, les blocs hors-diagonaux contiennent les composantes multivariées de la matrice qui ont pour objectif de maintenir la dynamique du phénomène modélisé, comme l'explique V. Auffray [4]. En ce qui concerne les blocs diagonaux, connaissant la variance d'une composante du vecteur en un point de la grille, on voudrait en fait définir comment l'information (des covariances) se propage dans le voisinage de ce point. C'est ce qui conduit à l'idée d'utiliser une équation de diffusion [6] ainsi que le suggère en détail A. Weaver [10, 11] :

$$\frac{\partial \eta}{\partial t} - \kappa \Delta^2 \eta = 0, \tag{6.7}$$

où η est un champs scalaire particulier (u, v ou h), Δ^2, l'opérateur Laplacien et κ, le coefficient de diffusion.

Les blocs hors diagonaux sont calculés à partir des blocs diagonaux par l'approximation de géostrophie. L'approximation géostrophique consiste à négliger certains termes dans les équations de la dynamique du système (3.6) données au chapitre 3. En effet, on peut observer dans les équations aux dérivées partielles gouvernant le système que la force de Coriolis est un terme

---

6. En utilisant les transformations de Fourier pour intégrer l'équation, on obtient pour solution une fonction gaussienne homogène et isotropique.

dominant. Ce qui conduit à justifier l'approximation suivante :

$$u = \frac{g}{f}\frac{\partial h}{\partial y} \tag{6.8}$$

$$v = -\frac{g}{f}\frac{\partial h}{\partial x} \tag{6.9}$$

qui lie les composantes horizontales de la vitesse u et v à la variation de la hauteur h selon x et y.

La matrice des covariances d'erreurs d'observations est une matrice diagonale construite sur bases des erreurs d'observations obtenues.

6.2.5 Le modèle, ses paramètres et sa discrétisation

Le modèle exploité est un océan hypothétique peu profond de forme carrée subissant une rotation constante, celle de la terre, ainsi qu'un vent de forçage. Les équations sont celles qui sont données et expliquées au chapitre 3. La plupart des valeurs des jeux de données sont les mêmes ou proches de celles du problème étudié par A. Adcroft [27] pour lesquelles le caractère bien posé est garanti.

Le jeu « de prévision » est constitué des paramètres qui suivent. Les conditions aux limites sur u et v sont telles $u = 0$ à l'Est et l'Ouest, d'une part, et $v = 0$ au Nord et Sud, d'autre part. Les dimensions horizontales de l'océan : $L = 2000 \; km \times 2000 \; km$ et la hauteur initiale de l'eau : $h_0 = 500$ m.

Les autres paramètres physiques sont :

$f_0 \quad = 0.7 \times 10^{-4} s^{-1}$;
$\beta \quad = 2 \times 10^{-11} m^{-1} s^{-1}$;
$v \quad = 15 \; m^2 s^{-1}$;
$r \quad = 10^{-7} s^{-1}$;
$\rho_0 \quad = 10^3 \; kg.m^{-3}$;
$g \quad = 0.02 \; m.s^{-2}$;
$\tau_0 \quad = 0.2 \; N.m^{-2}$;
$\tau_p \quad = \tau_0 (\sin\frac{2\pi(y-L/4)}{L})L.$

Concernant le jeu « vrai », tous les paramètres sont identiques au précédents sauf les suivants :

$v \quad = 0.9 \times 15 m^2 s^{-1}$;
$r \quad = 0.9 \times 10^{-7} s^{-1}$;

$$\tau_v \quad = \tau_p(1 + 0.8 \times \sin(\tfrac{2\pi t}{\Delta t \times 480})).$$

La méthode des différences finies utilisée pour discrétiser les équations du modèle est celle de « saute mouton ». Le pas du domaine spatial choisi vaut $\triangle x = \triangle y = 25 \ km$ et le pas temporel vaut $\triangle t = 0.25 \ heure$ sur une période d'assimilation de 21 jours. Les variables discrètes du modèle sont réparties dans l'espace selon la grille C d'« Arakawa ». La méthode « saute mouton » et la grille d'« Arakawa » sont également expliquées au chapitre 3.

Compte tenu de l'étendu du domaine spatial du problème cette discrétisation conduit à une longueur de la variale de contrôle de $n = 20\,008$.

6.2.6   Principaux paramètres des codes de minimisation

Les valeurs des constantes des conditions de Wolfe sont fixées à $c_1 = 0.0001$ et $c_2 = 0.9$. Le nombre m de vecteurs de mise à jour de l'approximation de l'inverse de la matrice Hessienne est fixé à 22. Les nombres maximaux d'itérations et d'appel au calcul de la fonction coût sont fixés respectivement à 15 et 22. Concernant le M1QN3 et sa variante M1QNW, les deux conditionnements SIS et DIS (de H_k^0) ont été testés, ainsi que les deux modes de redémarrages "WARM et COLD RESTART". Les mises à jour dans les approches 4DInc et 3DFGAT se font après toutes les 15 itérations de minimisation.

6.2.7   Préconditionnement de la variable de contrôle

Dans le but d'améliorer la convergence de la minimisation, un préconditionnement est effectué en remplaçant l'incrément δx par $B^{\frac{1}{2}}v$, dans les expressions respectives de la fonction coût et de son gradient. La nouvelle variable de contrôle, v, étant définie par :

$$v = B^{-\frac{1}{2}}\delta x \tag{6.10}$$

où, B est la matrice des covariances d'erreurs d'ébauche.

6.3   Présentation des résultats

6.3.1   Résultats avec l'approche 4DVar

Les figures (6.2) à (6.5) présentent les résultats des expériences réalisées avec l'approche 4DVar. La figure (6.2) montre que la fonction descend très rapidement au début de la minimisation, puis se stabilise très vite au bout de quelques itérations. Quel que soit le minimiseur ou le conditionnement

DIS ou SIS, pour le M1QN3 comme pour le M1QNW, les courbes obtenues sont très proches. Le LBFGS effectue un premier pas assez petit avant de rattraper les autres codes de minimisation.

La norme du gradient subit également une décroissance rapide avant la stabilisation. Cette stabilisation est précédée d'oscillations sauf en cas d'utilisation du code M1QNW où la courbe semble parfaitement monotone, comme on peut le constater sur la figure (6.3).

Les courbes relatives à l'évolution du nombre d'appels au calcul de la fonction et de son gradient, figure (6.5), évoluent quasi-linéairement avec les itérations. Ces courbes connaissent parfois de petits sauts indiquant un appel supplémentaire au calcul de la fonction coût et de son gradient au cours d'une même itération de minimisation.

La figure (6.4) concerne l'évolution de la norme du vecteur de contrôle. On voit que celle-ci évolue presque vers une même valeur pour tous les minimiseurs, et ce, de manière asymptotique. Cette norme évolue très vite au début mais le taux d'accroissement baisse avec les itérations. Elle évolue en dents de scie pour le LBFGS et M1QN3, alors qu'elle est monotone pour le M1QNW.

6.3.2 Résultats avec l'approche 4DInc

Les figures figures (6.6) à (6.9) fournies par l'approche 4DInc possèdent les mêmes allures celles de l'approche 4DVar avec des faibles cassures au moment des mises à jour de l'approximation de la fonction coût comme on le voit sur la figure (6.6). Après l'une ou l'autre mise à jour de la fonction, la courbe devient presque plate.

On constate que les oscillations de la norme du gradient, figure 6.7, se font plus fortes, lorsqu'on passe de la formulation 4DVar à la formulation 4DInc.

La figure (6.8) montre que la norme du vecteur de contrôle est légèrement plus sensible au changement du minimiseur, elle est plus elevée avec le M1QN3. Cette norme n'est pas influencée par le mode SIS et DIS.

Le démarrage à chaud (WARM RESTART) n'influe pas sur les allures des courbes d'évolution de la fonction coût, de la norme du gradient, de la norme de la variable de contrôle ou du nombre d'appels au calcul de la fonction coût et de son gradient.

6.3.3 Résultats avec l'approche 3DFGAT

Les figures (6.10) à (6.13), obtenues avec l'approche 3DFGAT, gardent les mêmes allures que celles de l'approche 4DInc avec une fonction presque

plate après les mises à jour. Cependant, les cassures dans les courbes de la
fonction sont plus prononcées. Les oscillations de la norme du gradient sont
davantage marquées, ainsi qu'on le voit sur la figure (6.11).

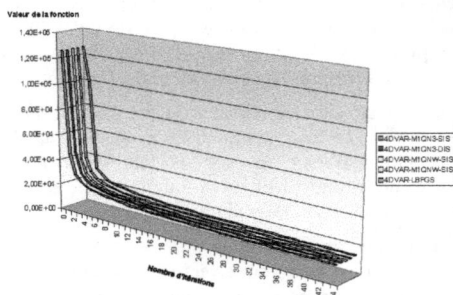

FIGURE 6.2 – Evolution de la fonction au cours des itérations (4DVar)

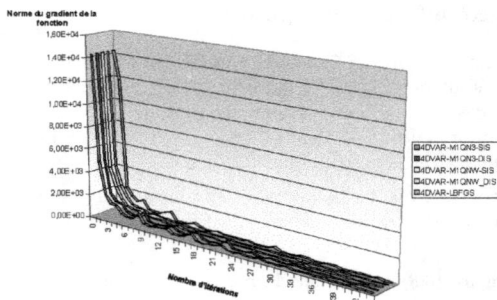

FIGURE 6.3 – Evolution de la norme du gradient au cours des itérations (4DVar)

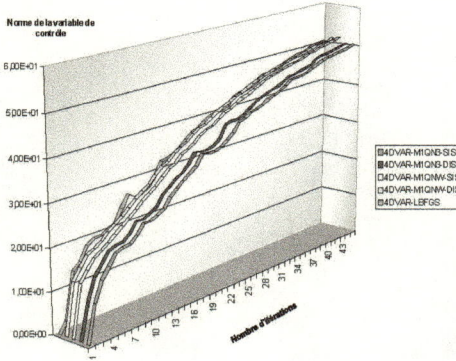

FIGURE 6.4 – Norme du vecteur de contrôle au cours des itérations (4DVar)

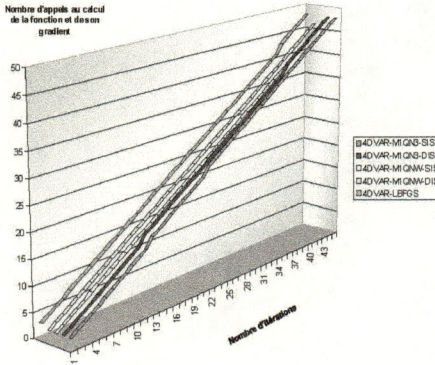

FIGURE 6.5 – Nombre d'appels au calcul de la fonction au cours des itérations (4DVar)

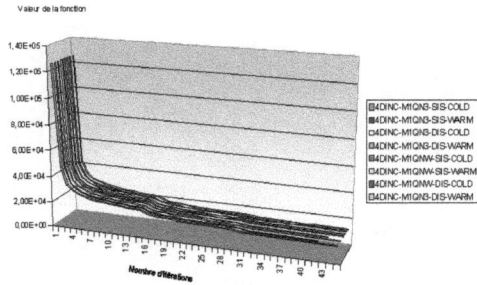

FIGURE 6.6 – Evolution de la fonction au cours des itérations (4DInc)

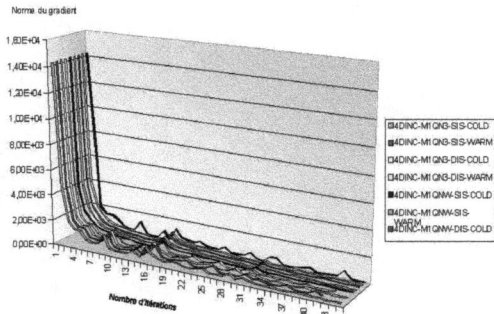

FIGURE 6.7 – Evolution de la norme du gradient au cours des itérations (4DInc)

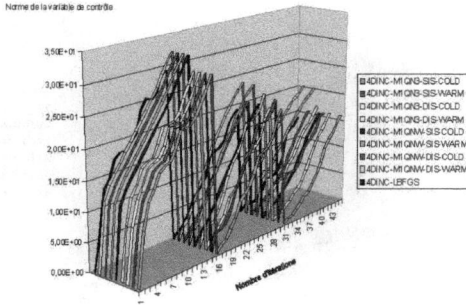

FIGURE 6.8 – Norme de la variable de contrôle au cours des itérations (4DInc)

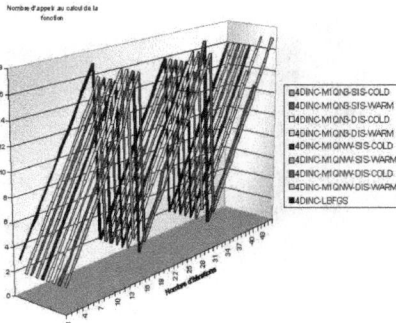

FIGURE 6.9 – Nombre d'appels au calcul de la fonction au cours des itérations (4DInc)

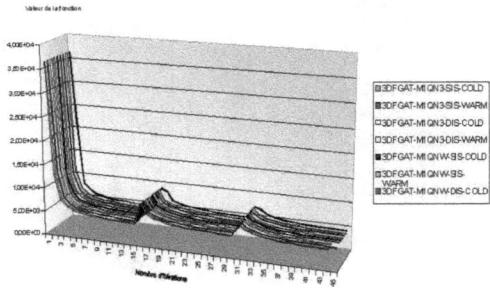

FIGURE 6.10 – Evolution de la fonction au cours des itérations (3DFGAT)

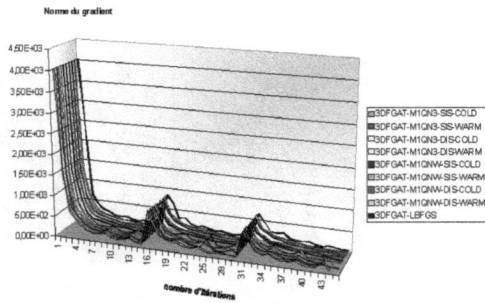

FIGURE 6.11 – Evolution de la norme du gradient au cours des itérations (3DFGAT)

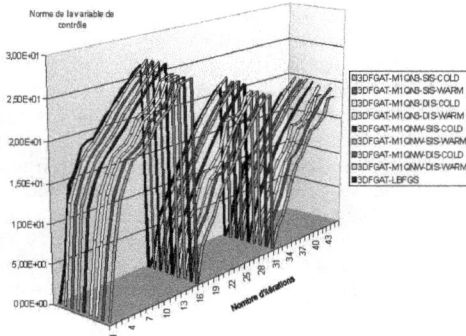

FIGURE 6.12 – Norme de la variable de contrôle au cours des itérations (3DFGAT)

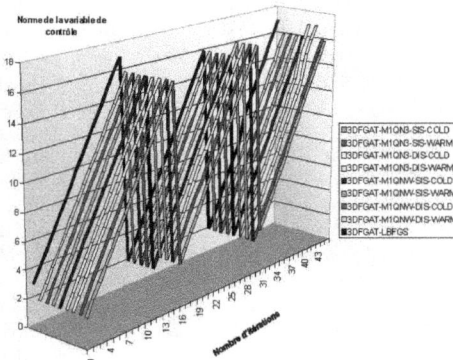

FIGURE 6.13 – Nombre d'appels au calcul de la fonction au cours des itérations (3DF-GAT)

6.4   Discussion et interprétation des résultats

Les résultats obtenus à l'issue de l'expérimentation ne sont pas en contradiction avec la théorie présentée. Cependant, les différences que ces résultats révèlent ne sont pas significatives au point de permettre une comparaison numérique valable des codes ou de leurs modes de fonctionnement. Une interprétation plausible de cette insuffisance serait que les jeux des paramètres du modèle d'évolution fourniraient des formulations des fonctions coût à Hessiens très proches d'une matrice diagonale. En effet, on constate que la valeur de la fonction coût se stabilise après un assez faible nombre d'itérations en même temps que la norme de son gradient prend une valeur très faible. Vu la taille du problème (vecteur de contrôle d'environ 20 000 composantes), un applatissement de la courbe de la fonction au-delà de près de quelques 8 itérations seulement laisserait facilement supposer que les composantes du vecteur de contrôle ne sont pas assez dépendantes les unes par rapport aux autres quant à leur influence sur la fonction coût. Le fait que la norme du gradient garde malgré tout une valeur résiduelle sans pour cela que la fonction coût diminue davantage trouverait son explication simplement dans le fait des erreurs d'arrondi et de troncature. En ce qui concerne ces dernières, il conviendrait de rappeler que les méthodes quasi-Newton à mémoire limitée utilisent une représentation réduite d'une approximation (de surcroît) de l'inverse de la matrice Hessienne. Sans compter que ces méthodes dérivent de celle de Newton qui part d'un développement de la fonction coût limité d'ordre 2. Aussi, la fonction utilisée n'est pas une fonction analytique mais plutôt une fonction tabulée dont les valeurs proviennent d'une intégration numérique d'équations aux dérivées partielles. Ceci est renforcé par le fait que le gradient est déduit non pas de l'équation adjointe de l'équation directe mais bien de l'équation linéaire tangente qui n'en est qu'une approximation. Toutefois, le problème d'évolution et ses paramètres n'en sont pas moins révélateurs de la qualité du critère d'arrêt. Comme on peut le constater, l'objectif de minimisation de la fonction coût est atteint après très peu d'itérations au delà desquelles la fonction coût n'évolue plus. Les itérations supplémentaires ne paient donc plus. Ceci est révélateur du fait que le critère d'arrêt dans les deux codes de minimisation n'est pas assez approprié aux problèmes d'assimilation en présence. En effet, le critère ne permet pas de détecter ce gaspillage d'investissement en terme d'itérations. Le phénomène d'oscillations de la norme du gradient pourrait trouver son explication dans les mêmes causes évoquées et étudiées par J. Nocedal, A. Sartenaer et C. Zhu [12]. Enfin, le problème et ses paramètres n'ont pas montré souffrir d'un quelconque caractère mal posé au cours de l'expérimentation.

Conclusions et perspectives

Conclusions

Dans le but de comparer les codes de minimisation non linéaire M1QN3 et LBFGS, nous avons d'abord essayé d'appréhender les concepts relatifs au domaine d'application : l'assimilation de données et le modèle de prévision utilisé, à savoir le Shallow Water. Ensuite, notre intérêt a porté sur la minimisation non linéaire de problèmes de grande taille. En particulier, la méthode quasi Newton à mémoire limitée a été abordée. Enfin, une fois tous ces aspects circonscrits, nous avons entamé la comparaison proprementdite.

La comparaison théorique des deux codes nous a permis de montrer de manière plus ou moins détaillée leurs différences fondamentales. Cependant, l'expérimentation sur le modèle Shallow Water avec des données fournies, n'a pas montré de démarcation substantielle entre les résultats respectifs obtenus avec les deux codes de minimisation. En ce qui concerne le découplage PALM de l'application d'assimilation de données, la reverse communication, telle que implémentée dans le LBFGS, est plus indiquée. Quand à la recherche linéaire, il serait tentant d'opter pour celle du code LBFGS, qui est plus élaborée et qui semble donc a priori rendre le code plus robuste. Le conditionnement DIS de la matrice H_k^0, comme le mode WARM RESTART, possible dans le code M1QN3, sont assez prometteurs et partant attirant. On trouve bien de part et d'autre dans les deux codes étudiés, certaines pratiques particulières supplémentaires (gestion des overflow, gestion des erreurs etc.) dont on peut avantageusement tirer parti.

Il serait souhaitable de considérer une assez vaste étendue de jeu de données du cadre physique pour espérer mieux apprécier les différences montrées par l'étude théorique des deux codes de minimisation.

Disons, pour terminer, que les résultats obtenus n'ont relevé un quelconque caractère mal défini lié au problème et aux données fournies.

Perspectives

Il serait intéressant, pour une éventuelle suite au présent travail, d'étudier une certaine coopération efficiente entre le processus de minimisation et celui d'intégration numérique du modèle. Dans cet ordre d'idée, on pourrait :

- adapter la finesse de la discrétisation du modèle à l'évolution de la convergence de la minimisation qui est liée à la norme du gradient. Il s'agit d'avoir une grille de discrétisation initialement grossière qui s'affinerait avec la diminution de la norme du gradient ;
- adapter la complexité de la représentation de la physique par la modèle en fonction de la finesse de sa discrétisation ;
- utiliser une méthode de minimisation mettant en œuvre le concept de région de confiance en vue de déterminer objectivement l'itération opportune pour l'actualisation de l'expression de la fonction coût (dans 3DFGAT et 4DInc) . . .

Bibliographie

[1] F. Veersé, Stratégies de minimisation pour le calcul de l'état initial en météorologie, Thèse de doctorat en mathématique appliquée, Université de Bordeaux 1, France, 1997.

[2] F. Bouttier et P. Courtier, Data Assimilation : Concepts and Methods, ECMWF, France, 1999.

[3] P. Courtier et O. Talagrand, Variational assimilation of meteorological observations with direct and adjoint Shallow Water equations, *Tellus*, vol. 42A, pp 531-549, 1990.

[4] V. Auffray, Assimilation de données sur un modèle Shallow Water à l'aide du coupleur PALM, Rapport de stage, CERFACS, Toulouse, France, 2000.

[5] P. Courtier, J.-N. Thépaut et A. Hollingsworth, A strategy for operational implementation of 4DVar, using an incremental approach, *Q. J. R. Meteorol. Soc.*, vol. 120, pp. 1367-1387. 1994.

[6] F. Rabier, J-N. Thépaut et P. Courtier, Extended assimilation and forcast experiments with a four-dimensional variational assimilation system, *Q. J. R. Meteorol. Soc.*, vol. 124, pp. 1861-1887, 1998.

[7] O. Talagrand, Four dimensional variational assimilation, Laboratoire de Météorologie Dynamique, Paris, France, 1988.

[8] E. Kreyszig, Introductory functional analysis with applications, John Wiley & Sons, New-York, USA, 1989.

[9] K. Ide, M. Ghil et A. C. Lorenc, Unified notation for data assimilation : operational, sequential and variational, *J. Met. Soc. Japan*, vol 75, pp. 181-189, 1997.

[10] A. Weaver et P. Courtier, Correlation modelling on the sphere using a generalized diffusion equation, *Q. J. R. Meteorol. Soc.*, vol. 127, pp. 1815-1846, 2001.

[11] A. Weaver, J. Vialard, D.L.T. Anderson et P. Delecluse, Three- and four-dimensinal variational assimilation with a general circulation model of the Tropical Pacif Ocean, Technical Memoradum, ECMWF, 2002.

[12] J. Nocedal, A. Sartenaer et Z. Zhu, On the behavior of the Gradient Norm in the stepest descent method, *Comp. Optim. Appl.*, vol 22, pp 5-35, 2002.

[13] J. J. Moré et D. J. Thuente, Line search algorithms with guaranteed suffiicient decrease, *ACM Trans. Math. Soft.*, vol. 20, pp. 286-307, 1994.

[14] S. S. Oren et E. Spedicato, Optimal conditioning of selft scaling variable metric algorithms, *Math. Prog.*, vol. 10, pp. 70-90, 1976.

[15] J. Nocedal et S. Wright, Numerical optimization, Springer, New-York, USA, 2000.

[16] J. F. Bonnans, J. C. Gilbert, C. Lemaréchal et C. Sagastizabal, Optimisation numérique : aspects théoriques et pratiques, Springer, New-York, USA, 1997.

[17] A. R. Conn, N. I. M. Gould et P. L. Toint, Trust-Region Methods, SIAM, Philadelphia, USA, 2000.

[18] K. Eriksson, D. Estep, P. Hansbo et C. Johnson, Computational differential equations, Cambridge University Press, Suède, 1996.

[19] A. Quarteroni et A. Valli, Numerical Approximation of partial differential Equations, Springer, Berlin, Allemagne, 1997.

[20] B. C. Roisin, Introduction to geophysical fluid dynamics, Prentice Hall, New Jersey, USA, 1994.

[21] T. Lagarde, O. Thual et A. Piancetini, A New representation of data assimilation methods : the PALM flow charting approach, *Q. J. R. Meteorol. Soc.*, vol 000, pp. 1-20, 2000.

[22] T. Lagarde, Nouvelle approche des méthodes d'assimilation de données : les algorithmes de point de selle, Thèse de doctorat en assimilation de données en océanographie, Université Paul Sabatier, Toulouse, France, 2000.

[23] J. M. Beckers, La méditerrannée occidentale : de la modélisation mathématique à la simulation numérique, Thèse de doctorat en Sciences Appliquées de l'Université de Liège, 1992.

[24] A. Belmiloudi, Existence and characterization of an optimal control for the problem of long waves in a Shallow Water model, *SIAM J. Control Optim.*, vol 39, No. 5, pp. 1558-1584, 2001.

[25] V.I. Agoshkov, A. Quateroni et F. Saleri, Recent developments in numerical simulation of Shallow Water I : boundary conditions, *Appl. Num. Math.*, vol 15, pp. 175-200, 1994.

[26] V.I. Agoshkov, E. Ovchinnikov, A. Quateroni et F. Saleri, Recent developments in numerical simulation of Shallow Water II : temporal discretization, *Math. Mod. Meth. Appl. Sc.*, vol 4, No. 4 pp. 533-556, 1994.

[27] A. Adcroft, How slippery are piecewise-constant coastlines in numerical ocean models ?, *Tellus*, vol 50A, pp. 95-108, 1998.

[28] J. C. Gilbert et C. Lemaréchal, The modules M1QN3 and N1QN3, version 2.0c, INRIA, 1995.

[29] R. W. Riddaway, Numerical methods, Meteorological Training Course Lecture Series, ECMWF, 2001.

[30] F.J. Chatelon, Analyse d'un problème de Shallow Water, Thèse de doctorat soutenue à l'Université de Corse, 1996.

[31] R. Beauwens, Discrétisation et éléments finis, notes de cours de DEA Interuniversitaire en Informatique, Université Libre de Bruxelles, 1999.

[32] V. Legat, Introduction aux éléments finis, notes de cours, Université Catholique de Louvain, 1999.

Troisième partie

Annexes

Les codes de minimisation

Nous tenons à signaler que :

- le code M1QN3 fait partie de la librairie MODULOPT implémentée à l'INRIA. Il peut être trouvé à l'adresse suivante : http ://www-rocq.inria.fr/ gilbert/modulopt/optimization-routines/m1qn3.html.
- Le code LBFGS est totalement libre pour des usages non commerciaux, il peut être téléchargé à partir du site suivant : http ://www.ece.nwu.edu/ nocedal/lbfgs.html.

Les conditions d'utilisation de ces codes sont spécifiées sur leurs sites respectifs.

.1 Le code LBFGS

```
C      ---------------------------------------------
C      This file contains the LBFGS algorithm and supporting routines
C
C      ****************
C      LBFGS SUBROUTINE
C      ****************
C
       SUBROUTINE LBFGS(N,M,X,F,G,DIAGCO,DIAG,IPRINT,EPS,XTOL,W,IFLAG)
C
       INTEGER N,M,IPRINT(2),IFLAG
       DOUBLE PRECISION X(N),G(N),DIAG(N),W(N*(2*M+1)+2*M)
       DOUBLE PRECISION F,EPS,XTOL
       LOGICAL DIAGCO
C
C         LIMITED MEMORY BFGS METHOD FOR LARGE SCALE OPTIMIZATION
C                            JORGE NOCEDAL
C                          *** July 1990 ***
C
```

```
C
C       This subroutine solves the unconstrained minimization problem
C
C                       min F(x),     x= (x1,x2,...,xN),
C
C         using the limited memory BFGS method. The routine is especially
C         effective on problems involving a large number of variables. In
C         a typical iteration of this method an approximation Hk to the
C         inverse of the Hessian is obtained by applying M BFGS updates to
C         a diagonal matrix Hk0, using information from the previous M steps
C         The user specifies the number M, which determines the amount of
C         storage required by the routine. The user may also provide the
C         diagonal matrices Hk0 if not satisfied with the default choice.
C         The algorithm is described in "On the limited memory BFGS method
C         for large scale optimization", by D. Liu and J. Nocedal,
C         Mathematical Programming B 45 (1989) 503-528.
C
C         The user is required to calculate the function value F and its
C         gradient G. In order to allow the user complete control over
C         these computations, reverse  communication is used. The routine
C         must be called repeatedly under the control of the parameter
C         IFLAG.
C
C         The steplength is determined at each iteration by means of the
C         line search routine MCVSRCH, which is a slight modification of
C         the routine CSRCH written by More' and Thuente.
C
C         The calling statement is
C
C             CALL LBFGS(N,M,X,F,G,DIAGCO,DIAG,IPRINT,EPS,XTOL,W,IFLAG)
C
C         where
C
C         N       is an INTEGER variable that must be set by the user to the
C                 number of variables. It is not altered by the routine.
C                 Restriction: N>0.
C
C         M       is an INTEGER variable that must be set by the user to
C                 the number of corrections used in the BFGS update. It
C                 is not altered by the routine. Values of M less than 3 are
C                 not recommended; large values of M will result in excessive
C                 computing time. 3<= M <=7 is recommended. Restriction: M>0.
C
C         X       is a DOUBLE PRECISION array of length N. On initial entry
```

```
C                    it must be set by the user to the values of the initial
C                    estimate of the solution vector. On exit with IFLAG=0, it
C                    contains the values of the variables at the best point
C                    found (usually a solution).
C
C          F         is a DOUBLE PRECISION variable. Before initial entry and on
C                    a re-entry with IFLAG=1, it must be set by the user to
C                    contain the value of the function F at the point X.
C
C          G         is a DOUBLE PRECISION array of length N. Before initial
C                    entry and on a re-entry with IFLAG=1, it must be set by
C                    the user to contain the components of the gradient G at
C                    the point X.
C
C          DIAGCO    is a LOGICAL variable that must be set to .TRUE. if the
C                    user  wishes to provide the diagonal matrix Hk0 at each
C                    iteration. Otherwise it should be set to .FALSE., in which
C                    case  LBFGS will use a default value described below. If
C                    DIAGCO is set to .TRUE. the routine will return at each
C                    iteration of the algorithm with IFLAG=2, and the diagonal
C                    matrix Hk0  must be provided in the array DIAG.
C
C
C          DIAG      is a DOUBLE PRECISION array of length N. If DIAGCO=.TRUE.,
C                    then on initial entry or on re-entry with IFLAG=2, DIAG
C                    it must be set by the user to contain the values of the
C                    diagonal matrix Hk0.  Restriction: all elements of DIAG
C                    must be positive.
C
C          IPRINT    is an INTEGER array of length two which must be set by the
C                    user.
C
C                    IPRINT(1) specifies the frequency of the output:
C                        IPRINT(1) < 0 : no output is generated,
C                        IPRINT(1) = 0 : output only at first and last iteration,
C                        IPRINT(1) > 0 : output every IPRINT(1) iterations.
C
C                    IPRINT(2) specifies the type of output generated:
C                        IPRINT(2) = 0 : iteration count, number of function
C                                        evaluations, function value, norm of the
C                                        gradient, and steplength,
C                        IPRINT(2) = 1 : same as IPRINT(2)=0, plus vector of
C                                        variables and  gradient vector at the
C                                        initial point,
```

```
C                    IPRINT(2) = 2 : same as IPRINT(2)=1, plus vector of
C                                    variables,
C                    IPRINT(2) = 3 : same as IPRINT(2)=2, plus gradient vector
C
C
C     EPS    is a positive DOUBLE PRECISION variable that must be set by
C            the user, and determines the accuracy with which the solution
C            is to be found. The subroutine terminates when
C
C                         ||G|| < EPS max(1,||X||),
C
C            where ||.|| denotes the Euclidean norm.
C
C     XTOL   is a  positive DOUBLE PRECISION variable that must be set by
C            the user to an estimate of the machine precision (e.g.
C            10**(-16) on a SUN station 3/60). The line search routine will
C            terminate if the relative width of the interval of uncertainty
C            is less than XTOL.
C
C     W      is a DOUBLE PRECISION array of length N(2M+1)+2M used as
C            workspace for LBFGS. This array must not be altered by the
C            user.
C
C     IFLAG  is an INTEGER variable that must be set to 0 on initial entry
C            to the subroutine. A return with IFLAG<0 indicates an error,
C            and IFLAG=0 indicates that the routine has terminated without
C            detecting errors. On a return with IFLAG=1, the user must
C            evaluate the function F and gradient G. On a return with
C            IFLAG=2, the user must provide the diagonal matrix Hk0.
C
C            The following negative values of IFLAG, detecting an error,
C            are possible:
C
C            IFLAG=-1  The line search routine MCSRCH failed. The
C                      parameter INFO provides more detailed information
C                      (see also the documentation of MCSRCH):
C
C                      INFO = 0  IMPROPER INPUT PARAMETERS.
C
C                      INFO = 2  RELATIVE WIDTH OF THE INTERVAL OF
C                                UNCERTAINTY IS AT MOST XTOL.
C
C                      INFO = 3  MORE THAN 20 FUNCTION EVALUATIONS WERE
C                                REQUIRED AT THE PRESENT ITERATION.
```

```
C
C                         INFO = 4  THE STEP IS TOO SMALL.
C
C                         INFO = 5  THE STEP IS TOO LARGE.
C
C                         INFO = 6  ROUNDING ERRORS PREVENT FURTHER PROGRESS.
C                                   THERE MAY NOT BE A STEP WHICH SATISFIES
C                                   THE SUFFICIENT DECREASE AND CURVATURE
C                                   CONDITIONS. TOLERANCES MAY BE TOO SMALL.
C
C
C              IFLAG=-2  The i-th diagonal element of the diagonal inverse
C                        Hessian approximation, given in DIAG, is not
C                        positive.
C
C              IFLAG=-3  Improper input parameters for LBFGS (N or M are
C                        not positive).
C
C
C
C    ON THE DRIVER:
C
C    The program that calls LBFGS must contain the declaration:
C
C                         EXTERNAL LB2
C
C    LB2 is a BLOCK DATA that defines the default values of several
C    parameters described in the COMMON section.
C
C
C
C    COMMON:
C
C      The subroutine contains one common area, which the user may wish to
C    reference:
C
C         COMMON /LB3/MP,LP,GTOL,STPMIN,STPMAX,ITER
C
C    MP  is an INTEGER variable with default value 6. It is used as the
C        unit number for the printing of the monitoring information
C        controlled by IPRINT.
C
C    LP  is an INTEGER variable with default value 6. It is used as the
C        unit number for the printing of error messages. This printing
```

```
C          may be suppressed by setting LP to a non-positive value.
C
C      GTOL is a DOUBLE PRECISION variable with default value 0.9, which
C          controls the accuracy of the line search routine MCSRCH. If the
C          function and gradient evaluations are inexpensive with respect
C          to the cost of the iteration (which is sometimes the case when
C          solving very large problems) it may be advantageous to set GTOL
C          to a small value. A typical small value is 0.1.  Restriction:
C          GTOL should be greater than 1.D-04.
C
C      STPMIN and STPMAX are non-negative DOUBLE PRECISION variables which
C          specify lower and uper bounds for the step in the line search.
C          Their default values are 1.D-20 and 1.D+20, respectively. These
C          values need not be modified unless the exponents are too large
C          for the machine being used, or unless the problem is extremely
C          badly scaled (in which case the exponents should be increased).
C
C
C  MACHINE DEPENDENCIES
C
C          The only variables that are machine-dependent are XTOL,
C          STPMIN and STPMAX.
C
C
C  GENERAL INFORMATION
C
C      Other routines called directly:  DAXPY, DDOT, LB1, MCSRCH
C
C      Input/Output   :  No input; diagnostic messages on unit MP and
C                        error messages on unit LP.
C
C
C      - - - - - - - - - - - - - - - - - - - - - - - - - - - - - - - -
C
       DOUBLE PRECISION GTOL,ONE,ZERO,GNORM,DDOT,STP1,FTOL,STPMIN,
      .                 STPMAX,STP,YS,YY,SQ,YR,BETA,XNORM
       INTEGER MP,LP,NFUN,POINT,ISPT,IYPT,MAXFEV,INFO,ITER
      .        BOUND,NPT,CP,I,NFEV,INMC,IYCN,ISCN
       LOGICAL FINISH
C
       SAVE
       DATA ONE,ZERO/1.0D+0,0.0D+0/
C
C      INITIALIZE
```

```
C       -------
C
        IF(IFLAG.EQ.0) GO TO 10
        GO TO (172,100) IFLAG
  10    ITER= 0
        IF(N.LE.0.OR.M.LE.0) GO TO 196
        IF(GTOL.LE.1.D-04) THEN
          IF(LP.GT.0) WRITE(LP,245)
          GTOL=9.D-01
        ENDIF
        NFUN= 1
        POINT= 0
        FINISH= .FALSE.
        IF(DIAGCO) THEN
            DO 30 I=1,N
  30        IF (DIAG(I).LE.ZERO) GO TO 195
        ELSE
            DO 40 I=1,N
  40        DIAG(I)= 1.0D0
        ENDIF
C
C       THE WORK VECTOR W IS DIVIDED AS FOLLOWS:
C       ---------------------------
C       THE FIRST N LOCATIONS ARE USED TO STORE THE GRADIENT AND
C           OTHER TEMPORARY INFORMATION.
C       LOCATIONS (N+1)...(N+M) STORE THE SCALARS RHO.
C       LOCATIONS (N+M+1)...(N+2M) STORE THE NUMBERS ALPHA USED
C           IN THE FORMULA THAT COMPUTES H*G.
C       LOCATIONS (N+2M+1)...(N+2M+NM) STORE THE LAST M SEARCH
C           STEPS.
C       LOCATIONS (N+2M+NM+1)...(N+2M+2NM) STORE THE LAST M
C           GRADIENT DIFFERENCES.
C
C       THE SEARCH STEPS AND GRADIENT DIFFERENCES ARE STORED IN A
C       CIRCULAR ORDER CONTROLLED BY THE PARAMETER POINT.
C
        ISPT= N+2*M
        IYPT= ISPT+N*M
        DO 50 I=1,N
  50    W(ISPT+I)= -G(I)*DIAG(I)
        GNORM= DSQRT(DDOT(N,G,1,G,1))
        STP1= ONE/GNORM
C
C       PARAMETERS FOR LINE SEARCH ROUTINE
```

```
C
      FTOL= 1.0D-4
      MAXFEV= 20
C
      IF(IPRINT(1).GE.0) CALL LB1(IPRINT,NFUN,
     *                      GNORM,N,M,X,F,G,STP,FINISH)
C
C     -------------
C     MAIN ITERATION LOOP
C     -------------
C
 80   ITER= ITER+1
      INFO=0
      BOUND=ITER-1
      IF(ITER.EQ.1) GO TO 165
      IF (ITER .GT. M)BOUND=M
C
          YS= DDOT(N,W(IYPT+NPT+1),1,W(ISPT+NPT+1),1)
      IF(.NOT.DIAGCO) THEN
          YY= DDOT(N,W(IYPT+NPT+1),1,W(IYPT+NPT+1),1)
          DO 90 I=1,N
 90       DIAG(I)= YS/YY
      ELSE
          IFLAG=2
          RETURN
      ENDIF
 100  CONTINUE
      IF(DIAGCO) THEN
          DO 110 I=1,N
 110      IF (DIAG(I).LE.ZERO) GO TO 195
      ENDIF
C
C     COMPUTE -H*G USING THE FORMULA GIVEN IN: Nocedal, J. 1980,
C     "Updating quasi-Newton matrices with limited storage",
C     Mathematics of Computation, Vol.24, No.151, pp. 773-782.
C     -------------------------------------
C
      CP= POINT
      IF (POINT.EQ.0) CP=M
      W(N+CP)= ONE/YS
      DO 112 I=1,N
 112  W(I)= -G(I)
      CP= POINT
      DO 125 I= 1,BOUND
```

```
          CP=CP-1
          IF (CP.EQ. -1)CP=M-1
          SQ= DDOT(N,W(ISPT+CP*N+1),1,W,1)
          INMC=N+M+CP+1
          IYCN=IYPT+CP*N
          W(INMC)= W(N+CP+1)*SQ
          CALL DAXPY(N,-W(INMC),W(IYCN+1),1,W,1)
 125   CONTINUE
C
       DO 130 I=1,N
 130   W(I)=DIAG(I)*W(I)
C
       DO 145 I=1,BOUND
          YR= DDOT(N,W(IYPT+CP*N+1),1,W,1)
          BETA= W(N+CP+1)*YR
          INMC=N+M+CP+1
          BETA= W(INMC)-BETA
          ISCN=ISPT+CP*N
          CALL DAXPY(N,BETA,W(ISCN+1),1,W,1)
          CP=CP+1
          IF (CP.EQ.M)CP=0
 145   CONTINUE
C
C      STORE THE NEW SEARCH DIRECTION
C      --------------------
C
        DO 160 I=1,N
 160   W(ISPT+POINT*N+I)= W(I)
C
C      OBTAIN THE ONE-DIMENSIONAL MINIMIZER OF THE FUNCTION
C      BY USING THE LINE SEARCH ROUTINE MCSRCH
C      ----------------------------------
 165   NFEV=0
       STP=ONE
       IF (ITER.EQ.1) STP=STP1
       DO 170 I=1,N
 170   W(I)=G(I)
 172   CONTINUE
       CALL MCSRCH(N,X,F,G,W(ISPT+POINT*N+1),STP,FTOL,
      *            XTOL,MAXFEV,INFO,NFEV,DIAG)
       IF (INFO .EQ. -1) THEN
         IFLAG=1
         RETURN
       ENDIF
```

```
      IF (INFO .NE. 1) GO TO 190
      NFUN= NFUN + NFEV
C
C     COMPUTE THE NEW STEP AND GRADIENT CHANGE
C     ---------------------------
C
      NPT=POINT*N
      DO 175 I=1,N
      W(ISPT+NPT+I)= STP*W(ISPT+NPT+I)
 175  W(IYPT+NPT+I)= G(I)-W(I)
      POINT=POINT+1
      IF (POINT.EQ.M)POINT=0
C
C     TERMINATION TEST
C     -----------
C
      GNORM= DSQRT(DDOT(N,G,1,G,1))
      XNORM= DSQRT(DDOT(N,X,1,X,1))
      XNORM= DMAX1(1.0D0,XNORM)
      IF (GNORM/XNORM .LE. EPS) FINISH=.TRUE.
C
      IF(IPRINT(1).GE.0) CALL LB1(IPRINT,NFUN,
     *             GNORM,N,M,X,F,G,STP,FINISH)
      IF (FINISH) THEN
         IFLAG=0
         RETURN
      ENDIF
      GO TO 80
C
C     ---------------------------------------
C     END OF MAIN ITERATION LOOP. ERROR EXITS.
C     ---------------------------------------
C
 190  IFLAG=-1
      IF(LP.GT.0) WRITE(LP,200) INFO
      RETURN
 195  IFLAG=-2
      IF(LP.GT.0) WRITE(LP,235) I
      RETURN
 196  IFLAG= -3
      IF(LP.GT.0) WRITE(LP,240)
C
C     FORMATS
C     -----
```

```
C
 200  FORMAT(/' IFLAG= -1 ',/' LINE SEARCH FAILED. SEE'
     .             ' DOCUMENTATION OF ROUTINE MCSRCH',/' ERROR RETURN'
     .             ' OF LINE SEARCH: INFO= ',I2,/
     .             ' POSSIBLE CAUSES: FUNCTION OR GRADIENT ARE INCORRECT',/,
     .             ' OR INCORRECT TOLERANCES')
 235  FORMAT(/' IFLAG= -2',/' THE',I5,'-TH DIAGONAL ELEMENT OF THE',/,
     .          ' INVERSE HESSIAN APPROXIMATION IS NOT POSITIVE')
 240  FORMAT(/' IFLAG= -3',/' IMPROPER INPUT PARAMETERS (N OR M',
     .          ' ARE NOT POSITIVE)')
 245  FORMAT(/'  GTOL IS LESS THAN OR EQUAL TO 1.D-04',
     .        / ' IT HAS BEEN RESET TO 9.D-01')
      RETURN
      END
C
C     LAST LINE OF SUBROUTINE LBFGS
C
C
      SUBROUTINE LB1(IPRINT,NFUN,
     *                      GNORM,N,M,X,F,G,STP,FINISH)
C
C     ----------------------------------------
C     THIS ROUTINE PRINTS MONITORING INFORMATION. THE FREQUENCY AND
C     AMOUNT OF OUTPUT ARE CONTROLLED BY IPRINT.
C     ----------------------------------------
C
      INTEGER IPRINT(2),ITER,NFUN,LP,MP,N,M
      DOUBLE PRECISION X(N),G(N),F,GNORM,STP,GTOL,STPMIN,STPMAX
      LOGICAL FINISH
      COMMON /LB3/MP,LP,GTOL,STPMIN,STPMAX,ITER
C
      IF (ITER.EQ.0)THEN
          WRITE(MP,10)
          WRITE(MP,20) N,M
          WRITE(MP,30)F,GNORM
               IF (IPRINT(2).GE.1)THEN
                   WRITE(MP,40)
                   WRITE(MP,50) (X(I),I=1,N)
                   WRITE(MP,60)
                   WRITE(MP,50) (G(I),I=1,N)
               ENDIF
          WRITE(MP,10)
          WRITE(MP,70)
      ELSE
```

```
      IF ((IPRINT(1).EQ.0).AND.(ITER.NE.1.AND..NOT.FINISH))RETURN
        IF (IPRINT(1).NE.0)THEN
            IF(MOD(ITER-1,IPRINT(1)).EQ.0.OR.FINISH)THEN
                   IF(IPRINT(2).GT.1.AND.ITER.GT.1) WRITE(MP,70)
                   WRITE(MP,80)ITER,NFUN,F,GNORM,STP
            ELSE
                   RETURN
            ENDIF
        ELSE
            IF( IPRINT(2).GT.1.AND.FINISH) WRITE(MP,70)
            WRITE(MP,80)ITER,NFUN,F,GNORM,STP
        ENDIF
        IF (IPRINT(2).EQ.2.OR.IPRINT(2).EQ.3)THEN
           IF (FINISH)THEN
               WRITE(MP,90)
           ELSE
               WRITE(MP,40)
           ENDIF
             WRITE(MP,50)(X(I),I=1,N)
           IF (IPRINT(2).EQ.3)THEN
               WRITE(MP,60)
               WRITE(MP,50)(G(I),I=1,N)
           ENDIF
        ENDIF
        IF (FINISH) WRITE(MP,100)
      ENDIF
C
 10   FORMAT('*************************************************')
 20   FORMAT(' N=',I5,'   NUMBER OF CORRECTIONS=',I2,
     .      /, '           INITIAL VALUES')
 30   FORMAT(' F= ',1PD10.3,'   GNORM= ',1PD10.3)
 40   FORMAT(' VECTOR X= ')
 50   FORMAT(6(2X,1PD10.3))
 60   FORMAT(' GRADIENT VECTOR G= ')
 70   FORMAT(/'   I   NFN',4X,'FUNC',8X,'GNORM',7X,'STEPLENGTH'/)
 80   FORMAT(2(I4,1X),3X,3(1PD10.3,2X))
 90   FORMAT(' FINAL POINT X= ')
 100  FORMAT(/' THE MINIMIZATION TERMINATED WITHOUT DETECTING ERRORS.',
     .      /' IFLAG = 0')
C
      RETURN
      END
C     ******
C
```

```
C
C      ----------------------------------------
C      DATA
C      ----------------------------------------
C
       BLOCK DATA LB2
       INTEGER LP,MP,ITER
       DOUBLE PRECISION GTOL,STPMIN,STPMAX
       COMMON /LB3/MP,LP,GTOL,STPMIN,STPMAX,ITER
       DATA MP,LP,GTOL,STPMIN,STPMAX/6,6,9.0D-01,1.0D-20,1.0D+20/
       END
C
C
C      ---------------------------------------------
C
C      **************************
C      LINE SEARCH ROUTINE MCSRCH
C      **************************
C
       SUBROUTINE MCSRCH(N,X,F,G,S,STP,FTOL,XTOL,MAXFEV,INFO,NFEV,WA)
       INTEGER N,MAXFEV,INFO,NFEV,ITER
       DOUBLE PRECISION F,STP,FTOL,GTOL,XTOL,STPMIN,STPMAX
       DOUBLE PRECISION X(N),G(N),S(N),WA(N)
       COMMON /LB3/MP,LP,GTOL,STPMIN,STPMAX,ITER
       SAVE
C
C                      SUBROUTINE MCSRCH
C
C      A slight modification of the subroutine CSRCH of More' and Thuente.
C      The changes are to allow reverse communication, and do not affect
C      the performance of the routine.
C
C      THE PURPOSE OF MCSRCH IS TO FIND A STEP WHICH SATISFIES
C      A SUFFICIENT DECREASE CONDITION AND A CURVATURE CONDITION.
C
C      AT EACH STAGE THE SUBROUTINE UPDATES AN INTERVAL OF
C      UNCERTAINTY WITH ENDPOINTS STX AND STY. THE INTERVAL OF
C      UNCERTAINTY IS INITIALLY CHOSEN SO THAT IT CONTAINS A
C      MINIMIZER OF THE MODIFIED FUNCTION
C
C          F(X+STP*S) - F(X) - FTOL*STP*(GRADF(X)'S).
C
C      IF A STEP IS OBTAINED FOR WHICH THE MODIFIED FUNCTION
C      HAS A NONPOSITIVE FUNCTION VALUE AND NONNEGATIVE DERIVATIVE,
```

```
C      THEN THE INTERVAL OF UNCERTAINTY IS CHOSEN SO THAT IT
C      CONTAINS A MINIMIZER OF F(X+STP*S).
C
C      THE ALGORITHM IS DESIGNED TO FIND A STEP WHICH SATISFIES
C      THE SUFFICIENT DECREASE CONDITION
C
C          F(X+STP*S) .LE. F(X) + FTOL*STP*(GRADF(X)'S),
C
C      AND THE CURVATURE CONDITION
C
C          ABS(GRADF(X+STP*S)'S)) .LE. GTOL*ABS(GRADF(X)'S).
C
C      IF FTOL IS LESS THAN GTOL AND IF, FOR EXAMPLE, THE FUNCTION
C      IS BOUNDED BELOW, THEN THERE IS ALWAYS A STEP WHICH SATISFIES
C      BOTH CONDITIONS. IF NO STEP CAN BE FOUND WHICH SATISFIES BOTH
C      CONDITIONS, THEN THE ALGORITHM USUALLY STOPS WHEN ROUNDING
C      ERRORS PREVENT FURTHER PROGRESS. IN THIS CASE STP ONLY
C      SATISFIES THE SUFFICIENT DECREASE CONDITION.
C
C      THE SUBROUTINE STATEMENT IS
C
C        SUBROUTINE MCSRCH(N,X,F,G,S,STP,FTOL,XTOL, MAXFEV,INFO,NFEV,WA)
C      WHERE
C
C        N IS A POSITIVE INTEGER INPUT VARIABLE SET TO THE NUMBER
C          OF VARIABLES.
C
C        X IS AN ARRAY OF LENGTH N. ON INPUT IT MUST CONTAIN THE
C          BASE POINT FOR THE LINE SEARCH. ON OUTPUT IT CONTAINS
C          X + STP*S.
C
C        F IS A VARIABLE. ON INPUT IT MUST CONTAIN THE VALUE OF F
C          AT X. ON OUTPUT IT CONTAINS THE VALUE OF F AT X + STP*S.
C
C        G IS AN ARRAY OF LENGTH N. ON INPUT IT MUST CONTAIN THE
C          GRADIENT OF F AT X. ON OUTPUT IT CONTAINS THE GRADIENT
C          OF F AT X + STP*S.
C
C        S IS AN INPUT ARRAY OF LENGTH N WHICH SPECIFIES THE
C          SEARCH DIRECTION.
C
C        STP IS A NONNEGATIVE VARIABLE. ON INPUT STP CONTAINS AN
C          INITIAL ESTIMATE OF A SATISFACTORY STEP. ON OUTPUT
C          STP CONTAINS THE FINAL ESTIMATE.
```

```
C
C       FTOL AND GTOL ARE NONNEGATIVE INPUT VARIABLES. (In this reverse
C         communication implementation GTOL is defined in a COMMON
C         statement.) TERMINATION OCCURS WHEN THE SUFFICIENT DECREASE
C         CONDITION AND THE DIRECTIONAL DERIVATIVE CONDITION ARE
C         SATISFIED.
C
C       XTOL IS A NONNEGATIVE INPUT VARIABLE. TERMINATION OCCURS
C         WHEN THE RELATIVE WIDTH OF THE INTERVAL OF UNCERTAINTY
C         IS AT MOST XTOL.
C
C       STPMIN AND STPMAX ARE NONNEGATIVE INPUT VARIABLES WHICH
C         SPECIFY LOWER AND UPPER BOUNDS FOR THE STEP. (In this reverse
C         communication implementatin they are defined in a COMMON
C         statement).
C
C       MAXFEV IS A POSITIVE INTEGER INPUT VARIABLE. TERMINATION
C         OCCURS WHEN THE NUMBER OF CALLS TO FCN IS AT LEAST
C         MAXFEV BY THE END OF AN ITERATION.
C
C       INFO IS AN INTEGER OUTPUT VARIABLE SET AS FOLLOWS:
C
C         INFO = 0  IMPROPER INPUT PARAMETERS.
C
C         INFO =-1  A RETURN IS MADE TO COMPUTE THE FUNCTION AND GRADIENT.
C
C         INFO = 1  THE SUFFICIENT DECREASE CONDITION AND THE
C                   DIRECTIONAL DERIVATIVE CONDITION HOLD.
C
C         INFO = 2  RELATIVE WIDTH OF THE INTERVAL OF UNCERTAINTY
C                   IS AT MOST XTOL.
C
C         INFO = 3  NUMBER OF CALLS TO FCN HAS REACHED MAXFEV.
C
C         INFO = 4  THE STEP IS AT THE LOWER BOUND STPMIN.
C
C         INFO = 5  THE STEP IS AT THE UPPER BOUND STPMAX.
C
C         INFO = 6  ROUNDING ERRORS PREVENT FURTHER PROGRESS.
C                   THERE MAY NOT BE A STEP WHICH SATISFIES THE
C                   SUFFICIENT DECREASE AND CURVATURE CONDITIONS.
C                   TOLERANCES MAY BE TOO SMALL.
C
C       NFEV IS AN INTEGER OUTPUT VARIABLE SET TO THE NUMBER OF
```

```
C          CALLS TO FCN.
C
C       WA IS A WORK ARRAY OF LENGTH N.
C
C     SUBPROGRAMS CALLED
C
C       MCSTEP
C
C       FORTRAN-SUPPLIED...ABS,MAX,MIN
C
C     ARGONNE NATIONAL LABORATORY. MINPACK PROJECT. JUNE 1983
C     JORGE J. MORE', DAVID J. THUENTE
C
C     **********
      INTEGER INFOC,J
      LOGICAL BRACKT,STAGE1
      DOUBLE PRECISION DG,DGM,DGINIT,DGTEST,DGX,DGXM,DGY,DGYM,
     *        FINIT,FTEST1,FM,FX,FXM,FY,FYM,P5,P66,STX,STY,
     *        STMIN,STMAX,WIDTH,WIDTH1,XTRAPF,ZERO
      DATA P5,P66,XTRAPF,ZERO /0.5D0,0.66D0,4.0D0,0.0D0/
      IF(INFO.EQ.-1) GO TO 45
      INFOC = 1
C
C     CHECK THE INPUT PARAMETERS FOR ERRORS.
C
      IF (N .LE. 0 .OR. STP .LE. ZERO .OR. FTOL .LT. ZERO .OR.
     *    GTOL .LT. ZERO .OR. XTOL .LT. ZERO .OR. STPMIN .LT. ZERO
     *    .OR. STPMAX .LT. STPMIN .OR. MAXFEV .LE. 0) RETURN
C
C     COMPUTE THE INITIAL GRADIENT IN THE SEARCH DIRECTION
C     AND CHECK THAT S IS A DESCENT DIRECTION.
C
      DGINIT = ZERO
      DO 10 J = 1, N
         DGINIT = DGINIT + G(J)*S(J)
   10    CONTINUE
      IF (DGINIT .GE. ZERO) then
         write(LP,15)
   15    FORMAT(/'  THE SEARCH DIRECTION IS NOT A DESCENT DIRECTION')
         RETURN
         ENDIF
C
C     INITIALIZE LOCAL VARIABLES.
C
```

```
            BRACKT = .FALSE.
            STAGE1 = .TRUE.
            NFEV = O
            FINIT = F
            DGTEST = FTOL*DGINIT
            WIDTH = STPMAX - STPMIN
            WIDTH1 = WIDTH/P5
            DO 20 J = 1, N
                WA(J) = X(J)
     20     CONTINUE
C
C     THE VARIABLES STX, FX, DGX CONTAIN THE VALUES OF THE STEP,
C     FUNCTION, AND DIRECTIONAL DERIVATIVE AT THE BEST STEP.
C     THE VARIABLES STY, FY, DGY CONTAIN THE VALUE OF THE STEP,
C     FUNCTION, AND DERIVATIVE AT THE OTHER ENDPOINT OF
C     THE INTERVAL OF UNCERTAINTY.
C     THE VARIABLES STP, F, DG CONTAIN THE VALUES OF THE STEP,
C     FUNCTION, AND DERIVATIVE AT THE CURRENT STEP.
C
            STX = ZERO
            FX = FINIT
            DGX = DGINIT
            STY = ZERO
            FY = FINIT
            DGY = DGINIT
C
C     START OF ITERATION.
C
     30 CONTINUE
C
C         SET THE MINIMUM AND MAXIMUM STEPS TO CORRESPOND
C         TO THE PRESENT INTERVAL OF UNCERTAINTY.
C
            IF (BRACKT) THEN
                STMIN = MIN(STX,STY)
                STMAX = MAX(STX,STY)
            ELSE
                STMIN = STX
                STMAX = STP + XTRAPF*(STP - STX)
                END IF
C
C         FORCE THE STEP TO BE WITHIN THE BOUNDS STPMAX AND STPMIN.
C
            STP = MAX(STP,STPMIN)
```

```
          STP = MIN(STP,STPMAX)
C
C         IF AN UNUSUAL TERMINATION IS TO OCCUR THEN LET
C         STP BE THE LOWEST POINT OBTAINED SO FAR.
C
          IF ((BRACKT .AND. (STP .LE. STMIN .OR. STP .GE. STMAX))
     *       .OR. NFEV .GE. MAXFEV-1 .OR. INFOC .EQ. 0
     *       .OR. (BRACKT .AND. STMAX-STMIN .LE. XTOL*STMAX)) STP = STX
C
C         EVALUATE THE FUNCTION AND GRADIENT AT STP
C         AND COMPUTE THE DIRECTIONAL DERIVATIVE.
C         We return to main program to obtain F and G.
C
          DO 40 J = 1, N
             X(J) = WA(J) + STP*S(J)
   40        CONTINUE
          INFO=-1
          RETURN
C
   45     INFO=0
          NFEV = NFEV + 1
          DG = ZERO
          DO 50 J = 1, N
             DG = DG + G(J)*S(J)
   50        CONTINUE
          FTEST1 = FINIT + STP*DGTEST
C
C         TEST FOR CONVERGENCE.
C
          IF ((BRACKT .AND. (STP .LE. STMIN .OR. STP .GE. STMAX))
     *       .OR. INFOC .EQ. 0) INFO = 6
          IF (STP .EQ. STPMAX .AND.
     *        F .LE. FTEST1 .AND. DG .LE. DGTEST) INFO = 5
          IF (STP .EQ. STPMIN .AND.
     *        (F .GT. FTEST1 .OR. DG .GE. DGTEST)) INFO = 4
          IF (NFEV .GE. MAXFEV) INFO = 3
          IF (BRACKT .AND. STMAX-STMIN .LE. XTOL*STMAX) INFO = 2
          IF (F .LE. FTEST1 .AND. ABS(DG) .LE. GTOL*(-DGINIT)) INFO = 1
C
C         CHECK FOR TERMINATION.
C
          IF (INFO .NE. 0) RETURN
C
C         IN THE FIRST STAGE WE SEEK A STEP FOR WHICH THE MODIFIED
```

```
C          FUNCTION HAS A NONPOSITIVE VALUE AND NONNEGATIVE DERIVATIVE.
C
           IF (STAGE1 .AND. F .LE. FTEST1 .AND.
     *         DG .GE. MIN(FTOL,GTOL)*DGINIT) STAGE1 = .FALSE.
C
C          A MODIFIED FUNCTION IS USED TO PREDICT THE STEP ONLY IF
C          WE HAVE NOT OBTAINED A STEP FOR WHICH THE MODIFIED
C          FUNCTION HAS A NONPOSITIVE FUNCTION VALUE AND NONNEGATIVE
C          DERIVATIVE, AND IF A LOWER FUNCTION VALUE HAS BEEN
C          OBTAINED BUT THE DECREASE IS NOT SUFFICIENT.
C
           IF (STAGE1 .AND. F .LE. FX .AND. F .GT. FTEST1) THEN
C
C             DEFINE THE MODIFIED FUNCTION AND DERIVATIVE VALUES.
C
              FM = F - STP*DGTEST
              FXM = FX - STX*DGTEST
              FYM = FY - STY*DGTEST
              DGM = DG - DGTEST
              DGXM = DGX - DGTEST
              DGYM = DGY - DGTEST
C
C             CALL CSTEP TO UPDATE THE INTERVAL OF UNCERTAINTY
C             AND TO COMPUTE THE NEW STEP.
C
              CALL MCSTEP(STX,FXM,DGXM,STY,FYM,DGYM,STP,FM,DGM,
     *                    BRACKT,STMIN,STMAX,INFOC)
C
C             RESET THE FUNCTION AND GRADIENT VALUES FOR F.
C
              FX = FXM + STX*DGTEST
              FY = FYM + STY*DGTEST
              DGX = DGXM + DGTEST
              DGY = DGYM + DGTEST
           ELSE
C
C             CALL MCSTEP TO UPDATE THE INTERVAL OF UNCERTAINTY
C             AND TO COMPUTE THE NEW STEP.
C
              CALL MCSTEP(STX,FX,DGX,STY,FY,DGY,STP,F,DG,
     *                    BRACKT,STMIN,STMAX,INFOC)
           END IF
C
C          FORCE A SUFFICIENT DECREASE IN THE SIZE OF THE
```

```
C        INTERVAL OF UNCERTAINTY.
C
         IF (BRACKT) THEN
            IF (ABS(STY-STX) .GE. P66*WIDTH1)
     *          STP = STX + P5*(STY - STX)
            WIDTH1 = WIDTH
            WIDTH = ABS(STY-STX)
            END IF
C
C        END OF ITERATION.
C
         GO TO 30
C
C     LAST LINE OF SUBROUTINE MCSRCH.
C
         END
         SUBROUTINE MCSTEP(STX,FX,DX,STY,FY,DY,STP,FP,DP,BRACKT,
     *                     STPMIN,STPMAX,INFO)
         INTEGER INFO
         DOUBLE PRECISION STX,FX,DX,STY,FY,DY,STP,FP,DP,STPMIN,STPMAX
         LOGICAL BRACKT,BOUND
C
C     SUBROUTINE MCSTEP                 *
C
C     THE PURPOSE OF MCSTEP IS TO COMPUTE A SAFEGUARDED STEP FOR
C     A LINESEARCH AND TO UPDATE AN INTERVAL OF UNCERTAINTY FOR
C     A MINIMIZER OF THE FUNCTION.
C
C     THE PARAMETER STX CONTAINS THE STEP WITH THE LEAST FUNCTION
C     VALUE. THE PARAMETER STP CONTAINS THE CURRENT STEP. IT IS
C     ASSUMED THAT THE DERIVATIVE AT STX IS NEGATIVE IN THE
C     DIRECTION OF THE STEP. IF BRACKT IS SET TRUE THEN A
C     MINIMIZER HAS BEEN BRACKETED IN AN INTERVAL OF UNCERTAINTY
C     WITH ENDPOINTS STX AND STY.
C
C     THE SUBROUTINE STATEMENT IS
C
C        SUBROUTINE MCSTEP(STX,FX,DX,STY,FY,DY,STP,FP,DP,BRACKT,
C                          STPMIN,STPMAX,INFO)
C
C     WHERE
C
C        STX, FX, AND DX ARE VARIABLES WHICH SPECIFY THE STEP,
C           THE FUNCTION, AND THE DERIVATIVE AT THE BEST STEP OBTAINED
```

```
C           SO FAR. THE DERIVATIVE MUST BE NEGATIVE IN THE DIRECTION
C           OF THE STEP, THAT IS, DX AND STP-STX MUST HAVE OPPOSITE
C           SIGNS. ON OUTPUT THESE PARAMETERS ARE UPDATED APPROPRIATELY.
C
C         STY, FY, AND DY ARE VARIABLES WHICH SPECIFY THE STEP,
C           THE FUNCTION, AND THE DERIVATIVE AT THE OTHER ENDPOINT OF
C           THE INTERVAL OF UNCERTAINTY. ON OUTPUT THESE PARAMETERS ARE
C           UPDATED APPROPRIATELY.
C
C         STP, FP, AND DP ARE VARIABLES WHICH SPECIFY THE STEP,
C           THE FUNCTION, AND THE DERIVATIVE AT THE CURRENT STEP.
C           IF BRACKT IS SET TRUE THEN ON INPUT STP MUST BE
C           BETWEEN STX AND STY. ON OUTPUT STP IS SET TO THE NEW STEP.
C
C         BRACKT IS A LOGICAL VARIABLE WHICH SPECIFIES IF A MINIMIZER
C           HAS BEEN BRACKETED. IF THE MINIMIZER HAS NOT BEEN BRACKETED
C           THEN ON INPUT BRACKT MUST BE SET FALSE. IF THE MINIMIZER
C           IS BRACKETED THEN ON OUTPUT BRACKT IS SET TRUE.
C
C         STPMIN AND STPMAX ARE INPUT VARIABLES WHICH SPECIFY LOWER
C           AND UPPER BOUNDS FOR THE STEP.
C
C         INFO IS AN INTEGER OUTPUT VARIABLE SET AS FOLLOWS:
C           IF INFO = 1,2,3,4,5, THEN THE STEP HAS BEEN COMPUTED
C           ACCORDING TO ONE OF THE FIVE CASES BELOW. OTHERWISE
C           INFO = 0, AND THIS INDICATES IMPROPER INPUT PARAMETERS.
C
C       SUBPROGRAMS CALLED
C
C         FORTRAN-SUPPLIED ... ABS,MAX,MIN,SQRT
C
C       ARGONNE NATIONAL LABORATORY. MINPACK PROJECT. JUNE 1983
C       JORGE J. MORE', DAVID J. THUENTE
C
        DOUBLE PRECISION GAMMA,P,Q,R,S,SGND,STPC,STPF,STPQ,THETA
        INFO = 0
C
C       CHECK THE INPUT PARAMETERS FOR ERRORS.
C
        IF ((BRACKT .AND. (STP .LE. MIN(STX,STY) .OR.
     *    STP .GE. MAX(STX,STY))) .OR.
     *    DX*(STP-STX) .GE. 0.0 .OR. STPMAX .LT. STPMIN) RETURN
C
C       DETERMINE IF THE DERIVATIVES HAVE OPPOSITE SIGN.
```

```
C
      SGND = DP*(DX/ABS(DX))
C
C     FIRST CASE. A HIGHER FUNCTION VALUE.
C     THE MINIMUM IS BRACKETED. IF THE CUBIC STEP IS CLOSER
C     TO STX THAN THE QUADRATIC STEP, THE CUBIC STEP IS TAKEN,
C     ELSE THE AVERAGE OF THE CUBIC AND QUADRATIC STEPS IS TAKEN.
C
      IF (FP .GT. FX) THEN
         INFO = 1
         BOUND = .TRUE.
         THETA = 3*(FX - FP)/(STP - STX) + DX + DP
         S = MAX(ABS(THETA),ABS(DX),ABS(DP))
         GAMMA = S*SQRT((THETA/S)**2 - (DX/S)*(DP/S))
         IF (STP .LT. STX) GAMMA = -GAMMA
         P = (GAMMA - DX) + THETA
         Q = ((GAMMA - DX) + GAMMA) + DP
         R = P/Q
         STPC = STX + R*(STP - STX)
         STPQ = STX + ((DX/((FX-FP)/(STP-STX)+DX))/2)*(STP - STX)
         IF (ABS(STPC-STX) .LT. ABS(STPQ-STX)) THEN
            STPF = STPC
         ELSE
           STPF = STPC + (STPQ - STPC)/2
           END IF
         BRACKT = .TRUE.
C
C     SECOND CASE. A LOWER FUNCTION VALUE AND DERIVATIVES OF
C     OPPOSITE SIGN. THE MINIMUM IS BRACKETED. IF THE CUBIC
C     STEP IS CLOSER TO STX THAN THE QUADRATIC (SECANT) STEP,
C     THE CUBIC STEP IS TAKEN, ELSE THE QUADRATIC STEP IS TAKEN.
C
      ELSE IF (SGND .LT. 0.0) THEN
         INFO = 2
         BOUND = .FALSE.
         THETA = 3*(FX - FP)/(STP - STX) + DX + DP
         S = MAX(ABS(THETA),ABS(DX),ABS(DP))
         GAMMA = S*SQRT((THETA/S)**2 - (DX/S)*(DP/S))
         IF (STP .GT. STX) GAMMA = -GAMMA
         P = (GAMMA - DP) + THETA
         Q = ((GAMMA - DP) + GAMMA) + DX
         R = P/Q
         STPC = STP + R*(STX - STP)
         STPQ = STP + (DP/(DP-DX))*(STX - STP)
```

```
            IF (ABS(STPC-STP) .GT. ABS(STPQ-STP)) THEN
               STPF = STPC
            ELSE
               STPF = STPQ
               END IF
            BRACKT = .TRUE.
C
C     THIRD CASE. A LOWER FUNCTION VALUE, DERIVATIVES OF THE
C     SAME SIGN, AND THE MAGNITUDE OF THE DERIVATIVE DECREASES.
C     THE CUBIC STEP IS ONLY USED IF THE CUBIC TENDS TO INFINITY
C     IN THE DIRECTION OF THE STEP OR IF THE MINIMUM OF THE CUBIC
C     IS BEYOND STP. OTHERWISE THE CUBIC STEP IS DEFINED TO BE
C     EITHER STPMIN OR STPMAX. THE QUADRATIC (SECANT) STEP IS ALSO
C     COMPUTED AND IF THE MINIMUM IS BRACKETED THEN THE THE STEP
C     CLOSEST TO STX IS TAKEN, ELSE THE STEP FARTHEST AWAY IS TAKEN.
C
        ELSE IF (ABS(DP) .LT. ABS(DX)) THEN
            INFO = 3
            BOUND = .TRUE.
            THETA = 3*(FX - FP)/(STP - STX) + DX + DP
            S = MAX(ABS(THETA),ABS(DX),ABS(DP))
C
C         THE CASE GAMMA = O ONLY ARISES IF THE CUBIC DOES NOT TEND
C         TO INFINITY IN THE DIRECTION OF THE STEP.
C
            GAMMA = S*SQRT(MAX(0.ODO,(THETA/S)**2 - (DX/S)*(DP/S)))
            IF (STP .GT. STX) GAMMA = -GAMMA
            P = (GAMMA - DP) + THETA
            Q = (GAMMA + (DX - DP)) + GAMMA
            R = P/Q
            IF (R .LT. 0.0 .AND. GAMMA .NE. 0.0) THEN
               STPC = STP + R*(STX - STP)
            ELSE IF (STP .GT. STX) THEN
               STPC = STPMAX
            ELSE
               STPC = STPMIN
               END IF
            STPQ = STP + (DP/(DP-DX))*(STX - STP)
            IF (BRACKT) THEN
               IF (ABS(STP-STPC) .LT. ABS(STP-STPQ)) THEN
                  STPF = STPC
               ELSE
                  STPF = STPQ
                  END IF
```

```
            ELSE
               IF (ABS(STP-STPC) .GT. ABS(STP-STPQ)) THEN
                  STPF = STPC
               ELSE
                  STPF = STPQ
                  END IF
               END IF
C
C     FOURTH CASE. A LOWER FUNCTION VALUE, DERIVATIVES OF THE
C     SAME SIGN, AND THE MAGNITUDE OF THE DERIVATIVE DOES
C     NOT DECREASE. IF THE MINIMUM IS NOT BRACKETED, THE STEP
C     IS EITHER STPMIN OR STPMAX, ELSE THE CUBIC STEP IS TAKEN.
C
      ELSE
         INFO = 4
         BOUND = .FALSE.
         IF (BRACKT) THEN
            THETA = 3*(FP - FY)/(STY - STP) + DY + DP
            S = MAX(ABS(THETA),ABS(DY),ABS(DP))
            GAMMA = S*SQRT((THETA/S)**2 - (DY/S)*(DP/S))
            IF (STP .GT. STY) GAMMA = -GAMMA
            P = (GAMMA - DP) + THETA
            Q = ((GAMMA - DP) + GAMMA) + DY
            R = P/Q
            STPC = STP + R*(STY - STP)
            STPF = STPC
         ELSE IF (STP .GT. STX) THEN
            STPF = STPMAX
         ELSE
            STPF = STPMIN
            END IF
         END IF
C
C     UPDATE THE INTERVAL OF UNCERTAINTY. THIS UPDATE DOES NOT
C     DEPEND ON THE NEW STEP OR THE CASE ANALYSIS ABOVE.
C
      IF (FP .GT. FX) THEN
         STY = STP
         FY = FP
         DY = DP
      ELSE
         IF (SGND .LT. 0.0) THEN
            STY = STX
            FY = FX
```

```
               DY = DX
               END IF
            STX = STP
            FX = FP
            DX = DP
            END IF
C
C     COMPUTE THE NEW STEP AND SAFEGUARD IT.
C
         STPF = MIN(STPMAX,STPF)
         STPF = MAX(STPMIN,STPF)
         STP = STPF
         IF (BRACKT .AND. BOUND) THEN
            IF (STY .GT. STX) THEN
               STP = MIN(STX+0.66*(STY-STX),STP)
            ELSE
               STP = MAX(STX+0.66*(STY-STX),STP)
               END IF
            END IF
         RETURN
C
C     LAST LINE OF SUBROUTINE MCSTEP.
C
         END
```

.2 Le code M1QN3

```
subroutine n1qn3 (simul,prosca,dtonb,dtcab,n,x,f,g,dxmin,df1,
   /                epsg,impres,io,mode,niter,nsim,iz,dz,ndz,
   /                izs,rzs,dzs)
c----
c
c     N1QN3, Version 2.0, March 1993
c     Jean Charles Gilbert, Claude Lemarechal, INRIA.
c
c     Double precision version of M1QN3.
c
c     N1qn3 has two running modes: the SID (Scalar Initial Scaling) mode
c     and the DIS (Diagonal Initial Scaling) mode. Both do not require
c     the same amount of storage, the same subroutines, ...
c     In the description below, items that differ in the DIS mode with
c     respect to the SIS mode are given in brakets.
c
```

```
c     Use the following subroutines:
c         N1QN3A
c         DDD, DDDS
c         NLIS0 + DCUBE (Dec 88)
c         MUPDTS, DYSTBL.
c
c     The following routines are proposed to the user in case the
c     Euclidean scalar product is used:
c         DUCLID, DTONBE, DTCABE.
c
c     La sous-routine N1QN3 est une interface entre le programme
c     appelant et la sous-routine N1QN3A, le minimiseur proprement dit.
c
c     Le module PROSCA est sense realiser le produit scalaire de deux
c     vecteurs de Rn; le module DTONB est sense realiser le changement
c     de coordonnees correspondant au changement de bases: base
c     euclidienne -> base orthonormale (pour le produit scalaire
c     PROSCA); le module CTBAB fait la transformation inverse: base
c     orthonormale -> base euclidienne.
c
c     Iz is an integer working zone for N1QN3A, its dimension is 5.
c     It is formed of 5 scalars that are set by the optimizer:
c         - the dimension of the problem,
c         - a identifier of the scaling mode,
c         - the number of updates,
c         - two pointers.
c
c     Dz est la zone de travail pour N1QN3A, de dimension ndz.
c     Elle est subdivisee en
c         3 [ou 4] vecteurs de dimension n: d,gg,[diag,]aux
c         m scalaires: alpha
c         m vecteurs de dimension n: ybar
c         m vecteurs de dimension n: sbar
c
c     m est alors le plus grand entier tel que
c         m*(2*n+1)+3*n .le. ndz [m*(2*n+1)+4*n .le. ndz)]
c     soit m := (ndz-3*n) / (2*n+1) [m := (ndz-4*n) / (2*n+1)].
c     Il faut avoir m >= 1, donc ndz >= 5n+1 [ndz >= 6n+1].
c
c     A chaque iteration la metrique est formee a partir d'un multiple
c     de l'identite [d'une matrice diagonale] D qui est mise a jour m
c     fois par la formule de BFGS en utilisant les m couples {y,s} les
c     plus recents.
c
```

```
c----
c
c          arguments
c
      integer n,impres,io,mode,niter,nsim,iz(5),ndz,izs(1)
      real rzs(1)
      double precision x(1),f,g(1),dxmin,df1,epsg,dz(1),dzs(1)
      external simul,prosca,dtonb,dtcab
c
c          variables locales
c
      logical inmemo,sscale
      integer ntravu,id,igg,idiag,iaux,ialpha,iybar,isbar,m,mmemo
      double precision d1,d2,ps
c
c---- impressions initiales et controle des arguments
c
      if (impres.ge.1)
     /    write (io,900) n,dxmin,df1,epsg,niter,nsim,impres
900   format (/" N1QN3 (Version 2.0, March 1993): entry point"/
     /    5x,"dimension of the problem (n):",i6/
     /    5x,"absolute precision on x (dxmin):",d9.2/
     /    5x,"expected decrease for f (df1):",d9.2/
     /    5x,"relative precision on g (epsg):",d9.2/
     /    5x,"maximal number of iterations (niter):",i6/
     /    5x,"maximal number of simulations (nsim):",i6/
     /    5x,"printing level (impres):",i4)
      if (n.le.0.or.niter.le.0.or.nsim.le.0.or.dxmin.le.0.d+0.or.
     &    epsg.le.0.d+0.or.epsg.gt.1.d+0.or.mode.lt.0.or.mode.gt.3) then
          mode=2
          if (impres.ge.1) write (io,901)
901       format (/" >>> n1qn3: inconsistent call")
          return
      endif
c
c---- what method
c
      if (mod(mode,2).eq.0) then
          if (impres.ge.1) write (io,920)
  920     format (/" n1qn3: Diagonal Initial Scaling mode")
          sscale=.false.
      else
          if (impres.ge.1) write (io,921)
  921     format (/" n1qn3: Scalar Initial Scaling mode")
```

```
              sscale=.true.
          endif
c
      if ((ndz.lt.5*n+1).or.((.not.sscale).and.(ndz.lt.6*n+1))) then
          print*,'ndz= ',ndz,'  n==',n
  mode=2
          if (impres.ge.1) write (io,902)
902       format (/" >>> n1qn3: not enough memory allocated")
          return
      endif
c
c---- Compute m
c
      call mupdts (sscale,inmemo,n,m,ndz)
c
c     --- Check the value of m (if (y,s) pairs in core, m will be >= 1)
c
      if (m.lt.1) then
          mode=2
          if (impres.ge.1) write (io,9020)
 9020     format (/" >>> n1qn3: m is set too small in mupdts")
          return
      endif
c
c     --- mmemo = number of (y,s) pairs in core memory
c
      mmemo=1
      if (inmemo) mmemo=m
c
      ntravu=2*(2+mmemo)*n+m
      if (sscale) ntravu=ntravu-n
      if (impres.ge.1) write (io,903) ndz,ntravu,m
903   format (/5x,"allocated memory (ndz) :",i7/
     /        5x,"used memory :            ",i7/
     /        5x,"number of updates :      ",i7)
      if (ndz.lt.ntravu) then
          mode=2
          if (impres.ge.1) write (io,902)
          return
      endif
c
      if (impres.ge.1) then
          if (inmemo) then
              write (io,907)
```

```
              else
                  write (io,908)
              endif
          endif
907    format (5x,"(y,s) pairs are stored in core memory")
908    format (5x,"(y,s) pairs are stored by the user")
c
c---- cold start or warm restart ?
c     check iz: iz(1)=n, iz(2)=(0 if DIS, 1 if SIS),
c               iz(3)=m, iz(4)=jmin, iz(5)=jmax
c
      if (mode/2.eq.0) then
          if (impres.ge.1) write (io,922)
      else
          iaux=0
          if (sscale) iaux=1
          if (iz(1).ne.n.or.iz(2).ne.iaux.or.iz(3).ne.m.or.iz(4).lt.1
     &        .or.iz(5).lt.1.or.iz(4).gt.iz(3).or.iz(5).gt.iz(3)) then
              mode=2
              if (impres.ge.1) write (io,923)
              return
          endif
          if (impres.ge.1) write (io,924)
      endif
  922 format (/" n1qn3: cold start"/x)
  923 format (/" >>> n1qn3: inconsistent iz for a warm restart")
  924 format (/" n1qn3: warm restart"/x)
      iz(1)=n
      iz(2)=0
      if (sscale) iz(2)=1
      iz(3)=m
c
c---- split the working zone dz
c
      idiag=1
      iybar=idiag+n
      if (sscale) iybar=1
      isbar=iybar+n*mmemo
      id=isbar+n*mmemo
      igg=id+n
      iaux=igg+n
      ialpha=iaux+n
c
c---- call the optimization code
```

```
c
      call n1qn3a (simul,prosca,dtonb,dtcab,n,x,f,g,dxmin,df1,epsg,
     /             impres,io,mode,niter,nsim,inmemo,iz(3),iz(4),iz(5),
     /             dz(id),dz(igg),dz(idiag),dz(iaux),dz(ialpha),
     /             dz(iybar),dz(isbar),izs,rzs,dzs)
c
c---- impressions finales
c
      if (impres.ge.1) write (io,905) mode,niter,nsim,epsg
905   format (/x,79("-")/
     /         /" n1qn3: output mode is ",i2
     /         /5x,"number of iterations: ",i4
     /         /5x,"number of simulations: ",i6
     /         /5x,"realized relative precision on g: ",d9.2)
      call prosca (n,x,x,ps,izs,rzs,dzs)
      d1=dsqrt(ps)
      call prosca (n,g,g,ps,izs,rzs,dzs)
      d2=dsqrt(ps)
      if (impres.ge.1) write (io,906) d1,f,d2
906   format (5x,"norm of x = ",d15.8
     /         /5x,"f         = ",d15.8
     /         /5x,"norm of g = ",d15.8)
      return
      end
c
c------------------------------------------------
c
      subroutine n1qn3a (simul,prosca,dtonb,dtcab,n,x,f,g,dxmin,df1,
     /                   epsg,impres,io,mode,niter,nsim,inmemo,m,jmin,
     /                   jmax,d,gg,diag,aux,alpha,ybar,sbar,izs,rzs,dzs)
c----
c
c     Code d'optimisation proprement dit.
c
c----
c
c         arguments
c
      logical inmemo
      integer n,impres,io,mode,niter,nsim,m,jmin,jmax,izs(1)
      real rzs(1)
      double precision x(n),f,g(n),dxmin,df1,epsg,d(n),gg(n),diag(n),
     &    aux(n),alpha(m),ybar(n,1),sbar(n,1),dzs(1)
      external simul,prosca,dtonb,dtcab
```

```
c
c          variables locales
c
      logical sscale,cold,warm
      integer i,iter,moderl,isim,jcour,indic
      double precision d1,t,tmin,tmax,gnorm,eps1,ff,preco,precos,ys,den,
     &    dk,dk1,ps,ps2,hp0
c
c          parametres
c
      double precision rm1,rm2
      parameter (rm1=0.0001d+0,rm2=0.9d+0)
      double precision pi
      parameter (pi=3.1415927d+0)
      double precision rmin
c
c---- initialisation
c
      rmin=1.d-20
c
      sscale=.true.
      if (mod(mode,2).eq.0) sscale=.false.
c
      warm=.false.
      if (mode/2.eq.1) warm=.true.
      cold=.not.warm
c
      iter=0
      isim=1
      eps1=1.d+0
c
      call prosca (n,g,g,ps,izs,rzs,dzs)
      gnorm=dsqrt(ps)
      if (impres.ge.1) write (io,900) f,gnorm
  900 format (5x,"f          = ",d15.8
     /       /5x,"norm of g = ",d15.8)
      if (gnorm.lt.rmin) then
          mode=2
          if (impres.ge.1) write (io,901)
          goto 1000
      endif
  901 format (/" >>> n1qn3a: initial gradient is too small")
c
c     --- initialisation pour ddd
```

```
c
      if (cold) then
          jmin=1
          jmax=0
      endif
      jcour=1
      if (inmemo) jcour=jmax
c
c     --- mise a l'echelle de la premiere direction de descente
c
      if (cold) then
c
c         --- use Fletcher's scaling and initialize diag to 1.
c
          precos=2.d+0*df1/gnorm**2
          do 10 i=1,n
             d(i)=-g(i)*precos
             diag(i)=1.d+0
   10     continue
          if (impres.ge.5) write(io,902) precos
  902     format (/" n1qn3a: descent direction -g: precon = ",d10.3)
      else
c
c         --- use the matrix stored in [diag and] the (y,s) pairs
c
          if (sscale) then
             call prosca (n,ybar(1,jcour),ybar(1,jcour),ps,izs,rzs,dzs)
             precos=1.d+0/ps
          endif
          do 11 i=1,n
             d(i)=-g(i)
   11     continue
          if (inmemo) then
             call ddd (prosca,dtonb,dtcab,n,sscale,m,d,aux,jmin,jmax,
     /                 precos,diag,alpha,ybar,sbar,izs,rzs,dzs)
          else
             call ddds (prosca,dtonb,dtcab,n,sscale,m,d,aux,jmin,jmax,
     /                  precos,diag,alpha,ybar,sbar,izs,rzs,dzs)
          endif
      endif
c
      if (impres.eq.3) then
          write(io,903)
          write(io,904)
```

```
      endif
      if (impres.eq.4) write(io,903)
  903 format (/x,79("-"))
  904 format (x)
c
c     --- initialisation pour nlis0
c
      tmax=1.d+20
      call prosca (n,d,g,hp0,izs,rzs,dzs)
      if (hp0.ge.0.d+0) then
          mode=7
          if (impres.ge.1) write (io,905) iter,hp0
          goto 1000
      endif
  905 format (/" >>> n1qn3 (iteration ",i2,"): "
     /          /5x," the search direction d is not a ",
     /             "descent direction: (g,d) = ",d12.5)
c
c     --- compute the angle (-g,d)
c
      if (warm.and.impres.ge.5) then
          call prosca (n,g,g,ps,izs,rzs,dzs)
          ps=dsqrt(ps)
          call prosca (n,d,d,ps2,izs,rzs,dzs)
          ps2=dsqrt(ps2)
          ps=hp0/ps/ps2
          ps=dmin1(-ps,1.d+0)
          ps=dacos(ps)
          d1=ps*180.d+0/pi
          write (io,906) sngl(d1)
      endif
  906 format (/" n1qn3: descent direction d: ",
     /          "angle(-g,d) = ",f5.1," degrees")
c
c---- Debut de l'iteration. on cherche x(k+1) de la forme x(k) + t*d,
c     avec t > 0. On connait d.
c
c         Debut de la boucle: etiquette 100,
c         Sortie de la boucle: goto 1000.
c
100   iter=iter+1
      if (impres.lt.0) then
          if (mod(iter,-impres).eq.0) then
              indic=1
```

```
            call simul (indic,n,x,f,g,izs,rzs,dzs)
            goto 100
        endif
     endif
     if (impres.ge.5) write(io,903)
     if (impres.ge.4) write(io,904)
     if (impres.ge.3) write (io,910) iter,isim,f,hp0
 910 format (" n1qn3: iter ",i3,", simul ",i3,
     /        ", f=",d15.8,", h'(0)=",d12.5)
     do 101 i=1,n
        gg(i)=g(i)
101  continue
     ff=f
c
c    --- recherche lineaire et nouveau point x(k+1)
c
     if (impres.ge.5) write (io,911)
 911 format (/" n1qn3: line search")
c
c         --- calcul de tmin
c
     tmin=0.d+0
     do 200 i=1,n
        tmin=dmax1(tmin,dabs(d(i)))
200  continue
     tmin=dxmin/tmin
     t=1.d+0
     d1=hp0
c
     call nlis0 (n,simul,prosca,x,f,d1,t,tmin,tmax,d,g,rm2,rm1,
     /           impres,io,moderl,isim,nsim,aux,izs,rzs,dzs)
c
c         --- nlis0 renvoie les nouvelles valeurs de x, f et g
c
     if (moderl.ne.0) then
        if (moderl.lt.0) then
c
c            --- calcul impossible
c                t, g: ou les calculs sont impossibles
c                x, f: ceux du t_gauche (donc f <= ff)
c
            mode=moderl
        elseif (moderl.eq.1) then
c
```

```
c                    --- descente bloquee sur tmax
c                        [sortie rare (!!) d'apres le code de nlis0]
c
                  mode=3
                  if (impres.ge.1) write(io,912) iter
   912            format (/" >>> n1qn3 (iteration ",i3,
     /                    "): line search blocked on tmax: ",
     /                    "decrease the scaling")
           elseif (moderl.eq.4) then
c
c                    --- nsim atteint
c                        x, f: ceux du t_gauche (donc f <= ff)
c
                  mode=5
           elseif (moderl.eq.5) then
c
c                    --- arret demande par l'utilisateur (indic = 0)
c                        x, f: ceux en sortie du simulateur
c
                  mode=0
           elseif (moderl.eq.6) then
c
c                    --- arret sur dxmin ou appel incoherent
c                        x, f: ceux du t_gauche (donc f <= ff)
c
                  mode=6
           endif
           goto 1000
        endif
c
c NOTE: stopping tests are now done after having updated the matrix, so
c that update information can be stored in case of a later warm restart
c
c     --- mise a jour de la matrice
c
      if (m.gt.0) then
c
c         --- mise a jour des pointeurs
c
            jmax=jmax+1
            if (jmax.gt.m) jmax=jmax-m
            if ((cold.and.iter.gt.m).or.(warm.and.jmin.eq.jmax)) then
                jmin=jmin+1
                if (jmin.gt.m) jmin=jmin-m
```

```
          endif
          if (inmemo) jcour=jmax
c
c         --- y, s et (y,s)
c
          do 400 i=1,n
             sbar(i,jcour)=t*d(i)
             ybar(i,jcour)=g(i)-gg(i)
400       continue
          if (impres.ge.5) then
             call prosca (n,sbar(1,jcour),sbar(1,jcour),ps,izs,rzs,dzs)
             dk1=dsqrt(ps)
             if (iter.gt.1) write (io,930) dk1/dk
 930         format (/" n1qn3: convergence rate, s(k)/s(k-1) = ",
     /                d12.5)
             dk=dk1
          endif
          call prosca (n,ybar(1,jcour),sbar(1,jcour),ys,izs,rzs,dzs)
          if (ys.le.0.d+0) then
             mode=7
             if (impres.ge.1) write (io,931) iter,ys
 931         format (/" >>> n1qn3 (iteration ",i2,
     /                "): the scalar product (y,s) = ",d12.5
     /                /27x,"is not positive")
             goto 1000
          endif
c
c         --- ybar et sbar
c
          d1=dsqrt(1.d+0/ys)
          do 410 i=1,n
             sbar(i,jcour)=d1*sbar(i,jcour)
             ybar(i,jcour)=d1*ybar(i,jcour)
 410      continue
          if (.not.inmemo) call dystbl (.true.,ybar,sbar,n,jmax)
c
c         --- compute the scalar or diagonal preconditioner
c
          if (impres.ge.5) write(io,932)
 932      format (/" n1qn3: matrix update:")
c
c             --- Here is the Oren-Spedicato factor, for scalar scaling
c
          if (sscale) then
```

```
              call prosca (n,ybar(1,jcour),ybar(1,jcour),ps,izs,rzs,dzs)
              precos=1.d+0/ps
c
              if (impres.ge.5) write (io,933) precos
  933         format (5x,"Oren-Spedicato factor = ",d10.3)
c
c             --- Scale the diagonal to Rayleigh's ellipsoid.
c                 Initially (iter.eq.1) and for a cold start, this is
c                 equivalent to an Oren-Spedicato scaling of the
c                 identity matrix.
c
         else
              call dtonb (n,ybar(1,jcour),aux,izs,rzs,dzs)
              ps=0.d0
              do 420 i=1,n
                  ps=ps+diag(i)*aux(i)*aux(i)
  420         continue
              d1=1.d0/ps
              if (impres.ge.5) then
                  write (io,934) d1
  934             format(5x,"fitting the ellipsoid: factor = ",d10.3)
              endif
              do 421 i=1,n
                  diag(i)=diag(i)*d1
  421         continue
c
c             --- update the diagonal
c                 (gg is used as an auxiliary vector)
c
              call dtonb (n,sbar(1,jcour),gg,izs,rzs,dzs)
              ps=0.d0
              do 430 i=1,n
                  ps=ps+gg(i)*gg(i)/diag(i)
  430         continue
              den=ps
              do 431 i=1,n
                  diag(i)=1.d0/
      &                   (1.d0/diag(i)+aux(i)**2-(gg(i)/diag(i))**2/den)
                  if (diag(i).le.0.d0) then
                      if (impres.ge.5) write (io,935) i,diag(i),rmin
                      diag(i)=rmin
                  endif
  431         continue
  935         format (/" >>> n1qn3-WARNING: diagonal element ",i8,
```

```
    &                        " is negative (",d10.3,"), reset to ",d10.3)
c
              if (impres.ge.5) then
                  ps=0.d0
                  do 440 i=1,n
                      ps=ps+diag(i)
  440             continue
                  ps=ps/n
                  preco=ps
c
                  ps2=0.d0
                  do 441 i=1,n
                      ps2=ps2+(diag(i)-ps)**2
  441             continue
                  ps2=dsqrt(ps2/n)
                  write (io,936) preco,ps2
  936             format (5x,"updated diagonal: average value = ",d10.3,
    &                        ", sqrt(variance) = ",d10.3)
              endif
          endif
      endif
c
c     --- tests d'arret
c
      call prosca(n,g,g,ps,izs,rzs,dzs)
      eps1=ps
      eps1=dsqrt(eps1)/gnorm
c
      if (impres.ge.5) write (io,940) eps1
  940 format (/" n1qn3: stopping criterion on g: ",d12.5)
      if (eps1.lt.epsg) then
          mode=1
          goto 1000
      endif
      if (iter.eq.niter) then
          mode=4
          if (impres.ge.1) write (io,941) iter
  941     format (/" >>> n1qn3 (iteration ",i3,
    /                 "): maximal number of iterations")
          goto 1000
      endif
      if (isim.gt.nsim) then
          mode=5
          if (impres.ge.1) write (io,942) iter,isim
```

```
   942      format (/" >>> n1qn3 (iteration ",i3,"): ",i6,
      /              " simulations (maximal number reached)")
            goto 1000
         endif
c
c     --- calcul de la nouvelle direction de descente d = - H.g
c
         if (m.eq.0) then
            preco=2.d0*(ff-f)/(eps1*gnorm)**2
            do 500 i=1,n
               d(i)=-g(i)*preco
   500      continue
         else
            do 510 i=1,n
               d(i)=-g(i)
   510      continue
            if (inmemo) then
               call ddd (prosca,dtonb,dtcab,n,sscale,m,d,aux,jmin,jmax,
      /                  precos,diag,alpha,ybar,sbar,izs,rzs,dzs)
            else
               call ddds (prosca,dtonb,dtcab,n,sscale,m,d,aux,jmin,jmax,
      /                  precos,diag,alpha,ybar,sbar,izs,rzs,dzs)
            endif
         endif
c
c        --- test: la direction d est-elle de descente ?
c            hp0 sera utilise par nlis0
c
         call prosca (n,d,g,hp0,izs,rzs,dzs)
         if (hp0.ge.0.d+0) then
            mode=7
            if (impres.ge.1) write (io,905) iter,hp0
            goto 1000
         endif
         if (impres.ge.5) then
            call prosca (n,g,g,ps,izs,rzs,dzs)
            ps=dsqrt(ps)
            call prosca (n,d,d,ps2,izs,rzs,dzs)
            ps2=dsqrt(ps2)
            ps=hp0/ps/ps2
            ps=dmin1(-ps,1.d+0)
            ps=dacos(ps)
            d1=ps
            d1=d1*180.d0/pi
```

```
          write (io,906) sngl(d1)
       endif
c
c---- on poursuit les iterations
c
       goto 100
c
c---- retour
c
 1000 niter=iter
       nsim=isim
       epsg=eps1
       return
       end
c
c------------------------------------------------
c
       subroutine ddd (prosca,dtonb,dtcab,n,sscale,nm,depl,aux,jmin,jmax,
      &                 precos,diag,alpha,ybar,sbar,izs,rzs,dzs)
c----
c
c     calcule le produit H.g ou
c        . H est une matrice construite par la formule de bfgs inverse
c           a nm memoires a partir de la matrice diagonale diag
c           dans un espace hilbertien dont le produit scalaire
c           est donne par prosca
c           (cf. J. Nocedal, Math. of Comp. 35/151 (1980) 773-782)
c        . g est un vecteur de dimension n (en general le gradient)
c
c     la matrice diag apparait donc comme un preconditionneur diagonal
c
c     depl = g (en entree), = H g (en sortie)
c
c     la matrice H est memorisee par les vecteurs des tableaux
c     ybar, sbar et les pointeurs jmin, jmax
c
c     alpha(nm) est une zone de travail
c
c     izs(1),rzs(1),dzs(1) sont des zones de travail pour prosca
c
c----
c
c          arguments
c
```

```
      logical sscale
      integer n,nm,jmin,jmax,izs(1)
      real rzs(1)
      double precision depl(n),precos,diag(n),alpha(nm),ybar(n,1),
     &    sbar(n,1),aux(n),dzs(1)
      external prosca,dtonb,dtcab
c
c        variables locales
c
      integer jfin,i,j,jp
      double precision r,ps
c
      jfin=jmax
      if (jfin.lt.jmin) jfin=jmax+nm
c
c        phase de descente
c
      do 100 j=jfin,jmin,-1
          jp=j
          if (jp.gt.nm) jp=jp-nm
          call prosca (n,depl,sbar(1,jp),ps,izs,rzs,dzs)
          r=ps
          alpha(jp)=r
          do 20 i=1,n
              depl(i)=depl(i)-r*ybar(i,jp)
20        continue
100   continue
c
c        preconditionnement
c
      if (sscale) then
          do 150 i=1,n
              depl(i)=depl(i)*precos
  150     continue
      else
          call dtonb (n,depl,aux,izs,rzs,dzs)
          do 151 i=1,n
              aux(i)=aux(i)*diag(i)
  151     continue
          call dtcab (n,aux,depl,izs,rzs,dzs)
      endif
c
c        remontee
c
```

```
      do 200 j=jmin,jfin
         jp=j
         if (jp.gt.nm) jp=jp-nm
         call prosca (n,depl,ybar(1,jp),ps,izs,rzs,dzs)
         r=alpha(jp)-ps
         do 120 i=1,n
            depl(i)=depl(i)+r*sbar(i,jp)
120      continue
200   continue
      return
      end
c
c-----------------------------------------------
c
      subroutine ddds (prosca,dtonb,dtcab,n,sscale,nm,depl,aux,jmin,
     &               jmax,precos,diag,alpha,ybar,sbar,izs,rzs,dzs)
c----
c
c     This subroutine has the same role as ddd (computation of the
c     product H.g). It supposes however that the (y,s) pairs are not
c     stored in core memory, but on a devise chosen by the user.
c     The access to this devise is performed via the subroutine dystbl.
c
c----
c
c        arguments
c
      logical sscale
      integer n,nm,jmin,jmax,izs(1)
      real rzs(1)
      double precision depl(n),precos,diag(n),alpha(nm),ybar(n),sbar(n),
     &    aux(n),dzs(1)
      external prosca,dtonb,dtcab
c
c        variables locales
c
      integer jfin,i,j,jp
      double precision r,ps
c
      jfin=jmax
      if (jfin.lt.jmin) jfin=jmax+nm
c
c        phase de descente
c
```

```
      do 100 j=jfin,jmin,-1
         jp=j
         if (jp.gt.nm) jp=jp-nm
         call dystbl (.false.,ybar,sbar,n,jp)
         call prosca (n,depl,sbar,ps,izs,rzs,dzs)
         r=ps
         alpha(jp)=r
         do 20 i=1,n
            depl(i)=depl(i)-r*ybar(i)
20       continue
100   continue
c
c        preconditionnement
c
      if (sscale) then
         do 150 i=1,n
            depl(i)=depl(i)*precos
  150    continue
      else
         call dtonb (n,depl,aux,izs,rzs,dzs)
         do 151 i=1,n
            aux(i)=aux(i)*diag(i)
  151    continue
         call dtcab (n,aux,depl,izs,rzs,dzs)
      endif
c
c        remontee
c
      do 200 j=jmin,jfin
         jp=j
         if (jp.gt.nm) jp=jp-nm
         call dystbl (.false.,ybar,sbar,n,jp)
         call prosca (n,depl,ybar(1),ps,izs,rzs,dzs)
         r=alpha(jp)-ps
         do 120 i=1,n
            depl(i)=depl(i)+r*sbar(i)
120      continue
200   continue
      return
      end
c
c-----------------------------------------------
c
      subroutine nlis0 (n,simul,prosca,xn,fn,fpn,t,tmin,tmax,d,g,
```

```
     1                        amd,amf,imp,io,logic,nap,napmax,x,izs,rzs,dzs)
c ----
c
c     nlis0 + minuscules + commentaires
c     + version amelioree (XII 88): interpolation cubique systematique
c       et anti-overflows
c     + declaration variables (II/89, JCG).
c
c     -------------------------------------------
c
c        en sortie logic =
c
c        0            descente serieuse
c        1            descente bloquee
c        4            nap > napmax
c        5            retour a l'utilisateur
c        6            fonction et gradient pas d'accord
c        < 0          contrainte implicite active
c
c ----
c
c --- arguments
c
      external simul,prosca
      integer n,imp,io,logic,nap,napmax,izs(*)
      real rzs(*)
      double precision xn(n),fn,fpn,t,tmin,tmax,d(n),g(n),amd,amf,x(n),
     /    dzs(*)
c
c --- variables locales
c
      integer i,indic,indica,indicd
      double precision tesf,tesd,tg,fg,fpg,td,ta,fa,fpa,d2,f,fp,ffn,fd,
     / fpd,z,test,barmin,barmul,barmax,barr,gauche,droite,taa,ps
c
 1000 format (/4x,9h nlis0   ,4x,4hfpn=,d10.3,4h d2=,d9.2,
     1 7h  tmin=,d9.2,6h tmax=,d9.2)
 1001 format (/4x,6h mlis0,3x,"stop on tmin",8x,
     1  "step",11x,"functions",5x,"derivatives")
 1002 format (4x,6h nlis0,37x,d10.3,2d11.3)
 1003 format (4x,6h nlis0,d14.3,2d11.3)
 1004 format (4x,6h nlis0,37x,d10.3,7h indic=,i3)
 1005 format (4x,6h nlis0,14x,2d18.8,d11.3)
 1006 format (4x,6h nlis0,14x,d18.8,12h       indic=,i3)
```

```
1007 format (/4x,6h mlis0,10x,"tmin forced to tmax")
1008 format (/4x,6h mlis0,10x,"inconsistent call")
     if (n.gt.0 .and. fpn.lt.0.d0 .and. t.gt.0.d0
   1 .and. tmax.gt.0.d0 .and. amf.gt.0.d0
   1 .and. amd.gt.amf .and. amd.lt.1.d0) go to 5
     logic=6
     go to 999
   5 tesf=amf*fpn
     tesd=amd*fpn
     barmin=0.01d0
     barmul=3.d0
     barmax=0.3d0
     barr=barmin
     td=0.d0
     tg=0.d0
     fg=fn
     fpg=fpn
     ta=0.d0
     fa=fn
     fpa=fpn
     call prosca (n,d,d,ps,izs,rzs,dzs)
     d2=ps
c
c                  elimination d'un t initial ridiculement petit
c
     if (t.gt.tmin) go to 20
     t=tmin
     if (t.le.tmax) go to 20
     if (imp.gt.0) write (io,1007)
     tmin=tmax
  20 if (fn+t*fpn.lt.fn+0.9d0*t*fpn) go to 30
     t=2.d0*t
     go to 20
  30 indica=1
     logic=0
     if (t.gt.tmax) then
         t=tmax
         logic=1
     endif
     if (imp.ge.4) write (io,1000) fpn,d2,tmin,tmax
C*BC
C*B     CALL optstp( n, xn, g, fn, d, t, x, f, izs, rzs, dzs )
C*BC
C*B     fg = f
```

```
C*B        tg = t
C*BC
c      --- nouveau x
c
      do 50 i=1,n
          x(i)=xn(i)+t*d(i)
   50 continue
c
c --- boucle
c
  100 nap=nap+1
      if(nap.gt.napmax) then
          logic=4
          fn=fg
          do 120 i=1,n
              xn(i)=xn(i)+tg*d(i)
  120     continue
          go to 999
      endif
      indic=4
c
c      --- appel simulateur
c
      call simul(indic,n,x,f,g,izs,rzs,dzs)
      if(indic.eq.0) then
c
c          --- arret demande par l'utilisateur
c
          logic=5
          fn=f
          do 170 i=1,n
              xn(i)=x(i)
  170     continue
          go to 999
      endif
      if(indic.lt.0) then
c
c          --- les calculs n'ont pas pu etre effectues par le simulateur
c
          td=t
          indicd=indic
          logic=0
          if (imp.ge.4) write (io,1004) t,indic
          t=tg+0.1d0*(td-tg)
```

```
          go to 905
      endif
c
c     --- les tests elementaires sont faits, on y va
c
      call prosca (n,d,g,ps,izs,rzs,dzs)
      fp=ps
c
c     --- premier test de Wolfe
c
      ffn=f-fn
      if(ffn.gt.t*tesf) then
          td=t
          fd=f
          fpd=fp
          indicd=indic
          logic=0
          if(imp.ge.4) write (io,1002) t,ffn,fp
          go to 500
      endif
c
c     --- test 1 ok, donc deuxieme test de Wolfe
c
      if(imp.ge.4) write (io,1003) t,ffn,fp
      if(fp.gt.tesd) then
          logic=0
          go to 320
      endif
      if (logic.eq.0) go to 350
c
c     --- test 2 ok, donc pas serieux, on sort
c
  320 fn=f
      do 330 i=1,n
          xn(i)=x(i)
  330 continue
      go to 999
c
c
c
  350 tg=t
      fg=f
      fpg=fp
      if(td.ne.0.d0) go to 500
```

```
c
c               extrapolation
c
      taa=t
      gauche=(1.d0+barmin)*t
      droite=10.d0*t
      call dcube (t,f,fp,ta,fa,fpa,gauche,droite)
      ta=taa
      if(t.lt.tmax) go to 900
      logic=1
      t=tmax
      go to 900
c
c               interpolation
c
  500 if(indica.le.0) then
          ta=t
          t=0.9d0*tg+0.1d0*td
          go to 900
      endif
      test=barr*(td-tg)
      gauche=tg+test
      droite=td-test
      taa=t
      call dcube (t,f,fp,ta,fa,fpa,gauche,droite)
      ta=taa
      if (t.gt.gauche .and. t.lt.droite) then
          barr=barmin
        else
          barr=dmin1(barmul*barr,barmax)
      endif
c
c --- fin de boucle
c     - t peut etre bloque sur tmax
c       (venant de l'extrapolation avec logic=1)
c
  900 fa=f
      fpa=fp
  905 indica=indic
c
c --- faut-il continuer ?
c
      if (td.eq.0.d0) go to 950
      if (td-tg.lt.tmin) go to 920
```

```
c
c      --- limite de precision machine (arret de secours) ?
c
       do 910 i=1,n
           z=xn(i)+t*d(i)
           if (z.ne.xn(i).and.z.ne.x(i)) go to 950
  910 continue
c
c --- arret sur dxmin ou de secours
c
  920 logic=6
c
c      si indicd<0, derniers calculs non faits par simul
c
       if (indicd.lt.0) logic=indicd
c
c      si tg=0, xn = xn_depart,
c      sinon on prend xn=x_gauche qui fait decroitre f
c
       if (tg.eq.0.d0) go to 940
       fn=fg
       do 930 i=1,n
  930 xn(i)=xn(i)+tg*d(i)
  940 if (imp.le.0) go to 999
       write (io,1001)
       write (io,1005) tg,fg,fpg
       if (logic.eq.6) write (io,1005) td,fd,fpd
       if (logic.eq.7) write (io,1006) td,indicd
       go to 999
c
c                recopiage de x et boucle
c
  950 do 960 i=1,n
  960 x(i)=xn(i)+t*d(i)
       go to 100
  999 return
       end
c
c-----------------------------------------------
c
       subroutine dcube(t,f,fp,ta,fa,fpa,tlower,tupper)
c
c --- arguments
c
```

```
      double precision sign,den,anum,t,f,fp,ta,fa,fpa,tlower,tupper
c
c --- variables locales
c
      double precision z1,b,discri
c
c            Using f and fp at t and ta, computes new t by cubic formula
c            safeguarded inside [tlower,tupper].
c
      z1=fp+fpa-3.d0*(fa-f)/(ta-t)
      b=z1+fp
c
c                 first compute the discriminant (without overflow)
c
      if (dabs(z1).le.1.d0) then
         discri=z1*z1-fp*fpa
       else
         discri=fp/z1
         discri=discri*fpa
         discri=z1-discri
         if (z1.ge.0.d0 .and. discri.ge.0.d0) then
            discri=dsqrt(z1)*dsqrt(discri)
            go to 120
         endif
         if (z1.le.0.d0 .and. discri.le.0.d0) then
            discri=dsqrt(-z1)*dsqrt(-discri)
            go to 120
         endif
         discri=-1.d0
      endif
      if (discri.lt.0.d0) then
         if (fp.lt.0.d0) t=tupper
         if (fp.ge.0.d0) t=tlower
         go to 900
      endif
c
c  discriminant nonnegative, compute solution (without overflow)
c
      discri=dsqrt(discri)
  120 if (t-ta.lt.0.d0) discri=-discri
      sign=(t-ta)/dabs(t-ta)
      if (b*sign.gt.0.d+0) then
         t=t+fp*(ta-t)/(b+discri)
       else
```

```
          den=z1+b+fpa
          anum=b-discri
          if (dabs((t-ta)*anum).lt.(tupper-tlower)*dabs(den)) then
              t=t+anum*(ta-t)/den
            else
              t=tupper
          endif
      endif
  900 t=dmax1(t,tlower)
      t=dmin1(t,tupper)
      return
      end
c
c----------------------------------------------
c
      subroutine mupdts (sscale,inmemo,n,m,nrz)
c
c         arguments
c
      logical sscale,inmemo
      integer n,m,nrz
c----
c
c     On entry:
c       sscale: .true. if scalar initial scaling,
c               .false. if diagonal initial scaling
c       n:      number of variables
c
c     This routine has to return:
c       m:      the number of updates to form the approximate Hessien H,
c       inmemo: .true., if the vectors y and s used to form H are stored
c                   in core memory,
c               .false. otherwise (storage of y and s on disk, for
c                   instance).
c     When inmemo=.false., the routine 'dystbl', which stores and
c     restores (y,s) pairs, has to be rewritten.
c
c----
c
      if (sscale) then
          m=(nrz-3*n)/(2*n+1)
      else
          m=(nrz-4*n)/(2*n+1)
      endif
```

```
      inmemo=.true.
      return
      end
c
c------------------------------------------------
c
      subroutine dystbl (store,ybar,sbar,n,j)
c----
c
c     This subroutine should store (if store = .true.) or restore
c     (if store = .false.) a pair (ybar,sbar) at or from position
c     j in memory. Be sure to have 1 <= j <= m, where m in the number
c     of updates specified by subroutine mupdts.
c
c     The subroutine is used only when the (y,s) pairs are not
c     stored in core memory in the arrays ybar(.,.) and sbar(.,.).
c     In this case, the subroutine has to be written by the user.
c
c----
c
c          arguments
c
      logical store
      integer n,j
      double precision ybar(n),sbar(n)
c
      return
      end
c
c------------------------------------------------
c
      subroutine dtonb (n,u,v,izs,rzs,dzs)
      integer n,izs(1)
      real rzs(1)
      double precision u(1),v(1),dzs(1)
c
      integer i
c
      do 1 i=1,n
         v(i)=u(i)
 1    continue
      return
      end
```

```
c
c------------------------------------------------
c
      subroutine dtcab (n,u,v,izs,rzs,dzs)
      integer n,izs(1)
      real rzs(1)
      double precision u(1),v(1),dzs(1)
c
      integer i
c
      do 1 i=1,n
          v(i)=u(i)
 1    continue
      return
      end
c
c------------------------------------------------
c
      subroutine duclid (n,x,y,ps,izs,rzs,dzs)
      integer n,izs(1)
      real rzs(1)
      double precision x(1),y(1),ps,dzs(1)
c
      integer i
c
      ps=0.d0
      do 10 i=1,n
   10 ps=ps+x(i)*y(i)
      return
      end
```

Résultats expérimentaux avec l'approche 4DVar

Les en-têtes des colonnes des tableaux comprennent les éléments suivants :

k	l'itération en cours
$\tilde{i}_k$	cumule du nombre d'appel au calcul de la fonction coût et de son gradient
$\|x_k\|$	norme de l'itéré en cours
J_k	valeur de la fonction à l'itéré en cours
$\|\nabla J_k\|$	norme du gradient de la fonction coût à l'itération en cours
p_k	direction de recherche à l'itération en cours
$\|p_k\|$	norme de la direction de recherche à l'itération en cours
$\|\nabla J_k p_k\|$	dérivée de la fonction coût dans la direction p_k à l'itéré courant
α_k	longueur du pas sélectionné à l'itération k

k	i_k	$\|x_k\|$	J_k	$\|\nabla J_k\|$	$\nabla J_k^T p_k$	$\|p_k\|$	α_k
0	2	$0.00E+00$	$1.26E+05$	$1.43E+04$	$-1.26E+05$	$8.87E+00$	$1.00E+00$
1	3	$8.87E+00$	$4.60E+04$	$4.95E+03$	$-2.70E+04$	$5.45E+00$	$1.00E+00$
2	4	$1.36E+01$	$2.98E+04$	$2.19E+03$	$-7.40E+03$	$3.60E+00$	$1.00E+00$
3	5	$1.59E+01$	$2.48E+04$	$1.56E+03$	$-6.01E+03$	$4.65E+00$	$1.00E+00$
4	6	$1.84E+01$	$2.19E+04$	$1.47E+03$	$-2.55E+03$	$2.38E+00$	$1.00E+00$
5	7	$1.91E+01$	$2.05E+04$	$8.97E+02$	$-1.00E+03$	$1.50E+00$	$1.00E+00$
6	8	$1.93E+01$	$1.97E+04$	$7.37E+02$	$-1.91E+03$	$3.84E+00$	$1.00E+00$
7	9	$2.08E+01$	$1.85E+04$	$7.36E+02$	$-1.63E+03$	$4.11E+00$	$1.00E+00$
8	10	$2.30E+01$	$1.80E+04$	$1.28E+03$	$-9.42E+02$	$8.07E-01$	$1.00E+00$
9	11	$2.30E+01$	$1.74E+04$	$5.46E+02$	$-5.91E+02$	$1.57E+00$	$1.00E+00$
10	12	$2.38E+01$	$1.69E+04$	$4.21E+02$	$-4.71E+02$	$2.11E+00$	$1.00E+00$
11	13	$2.48E+01$	$1.66E+04$	$4.98E+02$	$-9.22E+02$	$4.23E+00$	$1.00E+00$
12	15	$2.70E+01$	$1.59E+04$	$5.28E+02$	$-1.37E+03$	$7.35E+00$	$3.08E-01$
13	16	$2.83E+01$	$1.57E+04$	$6.18E+02$	$-4.80E+02$	$2.58E+00$	$1.00E+00$
14	17	$2.97E+01$	$1.54E+04$	$3.48E+02$	$-3.51E+02$	$2.04E+00$	$1.00E+00$
15	18	$3.07E+01$	$1.51E+04$	$3.13E+02$	$-4.47E+02$	$2.97E+00$	$1.00E+00$
16	19	$3.21E+01$	$1.48E+04$	$3.83E+02$	$-5.59E+02$	$4.27E+00$	$1.00E+00$
17	20	$3.45E+01$	$1.48E+04$	$8.34E+02$	$-4.70E+02$	$7.65E-01$	$1.00E+00$
18	21	$3.41E+01$	$1.45E+04$	$2.72E+02$	$-1.28E+02$	$5.79E-01$	$1.00E+00$
19	22	$3.42E+01$	$1.44E+04$	$1.99E+02$	$-1.66E+02$	$1.43E+00$	$1.00E+00$
20	23	$3.48E+01$	$1.43E+04$	$2.69E+02$	$-2.16E+02$	$2.38E+00$	$1.00E+00$
21	25	$3.60E+01$	$1.41E+04$	$2.91E+02$	$-4.31E+02$	$5.12E+00$	$4.78E-01$
22	26	$3.73E+01$	$1.40E+04$	$4.44E+02$	$-2.78E+02$	$3.23E+00$	$1.00E+00$
23	27	$3.92E+01$	$1.39E+04$	$2.04E+02$	$-1.23E+02$	$1.48E+00$	$1.00E+00$
24	28	$4.00E+01$	$1.38E+04$	$1.77E+02$	$-1.50E+02$	$1.95E+00$	$1.00E+00$
25	29	$4.09E+01$	$1.37E+04$	$2.51E+02$	$-1.00E+02$	$1.13E+00$	$1.00E+00$
26	30	$4.12E+01$	$1.36E+04$	$2.11E+02$	$-1.20E+02$	$1.55E+00$	$1.00E+00$
27	31	$4.18E+01$	$1.36E+04$	$1.74E+02$	$-1.31E+02$	$2.13E+00$	$1.00E+00$
28	32	$4.28E+01$	$1.35E+04$	$2.61E+02$	$-7.77E+01$	$1.00E+00$	$1.00E+00$
29	33	$4.33E+01$	$1.35E+04$	$1.68E+02$	$-7.28E+01$	$1.23E+00$	$1.00E+00$
30	34	$4.41E+01$	$1.34E+04$	$1.51E+02$	$-7.85E+01$	$1.60E+00$	$1.00E+00$
31	35	$4.49E+01$	$1.34E+04$	$1.85E+02$	$-1.04E+02$	$2.23E+00$	$1.00E+00$
32	36	$4.60E+01$	$1.33E+04$	$2.37E+02$	$-5.83E+01$	$6.88E-01$	$1.00E+00$
33	37	$4.61E+01$	$1.33E+04$	$1.42E+02$	$-6.52E+01$	$9.86E-01$	$1.00E+00$
34	38	$4.63E+01$	$1.33E+04$	$1.35E+02$	$-4.54E+01$	$1.05E+00$	$1.00E+00$
35	39	$4.67E+01$	$1.32E+04$	$1.69E+02$	$-6.99E+01$	$1.79E+00$	$1.00E+00$
36	40	$4.75E+01$	$1.32E+04$	$1.44E+02$	$-4.46E+01$	$1.03E+00$	$1.00E+00$
37	41	$4.80E+01$	$1.32E+04$	$1.25E+02$	$-5.05E+01$	$1.19E+00$	$1.00E+00$
38	42	$4.87E+01$	$1.32E+04$	$1.30E+02$	$-3.78E+01$	$8.28E-01$	$1.00E+00$
39	43	$4.90E+01$	$1.32E+04$	$1.32E+02$	$-3.97E+01$	$9.47E-01$	$1.00E+00$
40	44	$4.92E+01$	$1.32E+04$	$1.16E+02$	$-5.05E+01$	$1.45E+00$	$1.00E+00$
41	45	$4.96E+01$	$1.32E+04$	$1.52E+02$	$-2.97E+01$	$6.65E-01$	$1.00E+00$
42	46	$4.98E+01$	$1.31E+04$	$1.07E+02$	$-3.21E+01$	$8.82E-01$	$1.00E+00$
43	47	$5.02E+01$	$1.31E+04$	$1.01E+02$	$-2.97E+01$	$1.01E+00$	$1.00E+00$
44	48	$5.06E+01$	$1.31E+04$	$1.07E+02$	$-3.97E+01$	$1.43E+00$	$1.00E+00$

TABLE 1 – Formulation : 4DVar ; code : M1QN3 ; mode : SIS

k	i_k	$||x_k||$	J_k	$||\nabla J_k||$	$\nabla J_k^T p_k$	$||p_k||$	α_k
0	2	$0.00E+0$	$1.26E+5$	$1.43E+4$	$-1.26E+5$	$8.87E+0$	$1.00E+0$
1	3	$8.87E+0$	$4.60E+4$	$4.95E+3$	$-2.70E+4$	$5.45E+0$	$1.00E+0$
2	4	$1.36E+1$	$2.98E+4$	$2.19E+3$	$-7.40E+3$	$3.60E+0$	$1.00E+0$
3	5	$1.59E+1$	$2.48E+4$	$1.56E+3$	$-6.01E+3$	$4.64E+0$	$1.00E+0$
4	6	$1.84E+1$	$2.19E+4$	$1.47E+3$	$-2.55E+3$	$2.38E+0$	$1.00E+0$
5	7	$1.91E+1$	$2.05E+4$	$8.97E+2$	$-1.00E+3$	$1.50E+0$	$1.00E+0$
6	8	$1.93E+1$	$1.97E+4$	$7.37E+2$	$-1.91E+3$	$3.84E+0$	$1.00E+0$
7	9	$2.08E+1$	$1.85E+4$	$7.35E+2$	$-1.63E+3$	$4.11E+0$	$1.00E+0$
8	10	$2.30E+1$	$1.80E+4$	$1.28E+3$	$-9.40E+2$	$8.07E-1$	$1.00E+0$
9	11	$2.30E+1$	$1.73E+4$	$5.46E+2$	$-5.93E+2$	$1.58E+0$	$1.00E+0$
10	12	$2.38E+1$	$1.69E+4$	$4.21E+2$	$-4.72E+2$	$2.12E+0$	$1.00E+0$
11	13	$2.48E+1$	$1.66E+4$	$4.98E+2$	$-9.25E+2$	$4.24E+0$	$1.00E+0$
12	15	$2.71E+1$	$1.59E+4$	$5.28E+2$	$-1.37E+3$	$7.35E+0$	$3.07E-1$
13	16	$2.83E+1$	$1.57E+4$	$6.16E+2$	$-4.77E+2$	$2.57E+0$	$1.00E+0$
14	17	$2.97E+1$	$1.54E+4$	$3.47E+2$	$-3.51E+2$	$2.05E+0$	$1.00E+0$
15	18	$3.07E+1$	$1.51E+4$	$3.13E+2$	$-4.47E+2$	$2.97E+0$	$1.00E+0$
16	19	$3.21E+1$	$1.48E+4$	$3.83E+2$	$-5.59E+2$	$4.27E+0$	$1.00E+0$
17	20	$3.45E+1$	$1.48E+4$	$8.35E+2$	$-4.72E+2$	$7.64E-1$	$1.00E+0$
18	21	$3.41E+1$	$1.45E+4$	$2.71E+2$	$-1.28E+2$	$5.76E-1$	$1.00E+0$
19	22	$3.42E+1$	$1.44E+4$	$1.99E+2$	$-1.66E+2$	$1.43E+0$	$1.00E+0$
20	23	$3.48E+1$	$1.43E+4$	$2.68E+2$	$-2.16E+2$	$2.39E+0$	$1.00E+0$
21	24	$3.60E+1$	$1.41E+4$	$2.90E+2$	$-4.30E+2$	$5.13E+0$	$1.00E+0$
22	25	$3.89E+1$	$1.41E+4$	$8.01E+2$	$-4.60E+2$	$8.42E-1$	$1.00E+0$
23	26	$3.93E+1$	$1.39E+4$	$2.00E+2$	$-7.61E+1$	$4.70E-1$	$1.00E+0$
24	27	$3.93E+1$	$1.38E+4$	$1.38E+2$	$-1.10E+2$	$1.46E+0$	$1.00E+0$
25	28	$4.00E+1$	$1.37E+4$	$1.86E+2$	$-1.42E+2$	$2.15E+0$	$1.00E+0$
26	29	$4.10E+1$	$1.37E+4$	$3.25E+2$	$-1.41E+2$	$2.19E+0$	$1.00E+0$
27	30	$4.21E+1$	$1.36E+4$	$1.86E+2$	$-9.81E+1$	$1.53E+0$	$1.00E+0$
28	31	$4.29E+1$	$1.35E+4$	$1.41E+2$	$-1.04E+2$	$1.66E+0$	$1.00E+0$
29	32	$4.36E+1$	$1.35E+4$	$2.33E+2$	$-7.36E+1$	$9.92E-1$	$1.00E+0$
30	33	$4.40E+1$	$1.34E+4$	$1.74E+2$	$-6.98E+1$	$1.09E+0$	$1.00E+0$
31	34	$4.45E+1$	$1.34E+4$	$1.49E+2$	$-9.87E+1$	$1.94E+0$	$1.00E+0$
32	35	$4.54E+1$	$1.33E+4$	$2.22E+2$	$-8.65E+1$	$1.63E+0$	$1.00E+0$
33	36	$4.61E+1$	$1.33E+4$	$2.27E+2$	$-4.02E+1$	$3.83E-1$	$1.00E+0$
34	37	$4.63E+1$	$1.33E+4$	$1.50E+2$	$-7.75E+1$	$1.19E+0$	$1.00E+0$
35	38	$4.68E+1$	$1.32E+4$	$1.30E+2$	$-3.11E+1$	$9.35E-1$	$1.00E+0$
36	40	$4.72E+1$	$1.32E+4$	$1.27E+2$	$-9.82E+1$	$2.70E+0$	$3.75E-1$
37	41	$4.76E+1$	$1.32E+4$	$1.32E+2$	$-8.16E+1$	$2.38E+0$	$1.00E+0$
38	42	$4.87E+1$	$1.32E+4$	$1.31E+2$	$-3.92E+1$	$9.02E-1$	$1.00E+0$
39	43	$4.91E+1$	$1.32E+4$	$1.59E+2$	$-3.00E+1$	$4.35E-1$	$1.00E+0$
40	44	$4.92E+1$	$1.32E+4$	$1.18E+2$	$-5.99E+1$	$1.11E+0$	$1.00E+0$
41	45	$4.95E+1$	$1.31E+4$	$1.21E+2$	$-4.31E+1$	$1.21E+0$	$1.00E+0$
42	46	$5.00E+1$	$1.31E+4$	$1.86E+2$	$-2.31E+1$	$4.03E-1$	$1.00E+0$
43	47	$5.02E+1$	$1.31E+4$	$1.06E+2$	$-3.48E+1$	$1.12E+0$	$1.00E+0$
44	48	$5.06E+1$	$1.31E+4$	$8.34E+1$	$-1.62E+1$	$7.23E-1$	$1.00E+0$

TABLE 2 – Formulation : 4Dvar ; code : M1QN3 ; mode : DIS

k	i_k	$\|x_k\|$	J_k	$\|\nabla J_k\|$	$\nabla J_k^T p_k$	$\|p_k\|$	α_k
0	2	$0.00E+00$	$1.26E+05$	$1.43E+04$	$-1.26E+05$	$8.87E+00$	$1.38E+00$
1	3	$1.22E+01$	$3.92E+04$	$4.17E+03$	$-1.38E+04$	$3.44E+00$	$1.59E+00$
2	4	$1.47E+01$	$2.83E+04$	$2.53E+03$	$-5.75E+03$	$2.72E+00$	$1.64E+00$
3	5	$1.70E+01$	$2.35E+04$	$1.64E+03$	$-2.98E+03$	$2.20E+00$	$1.38E+00$
4	6	$1.80E+01$	$2.15E+04$	$1.16E+03$	$-1.37E+03$	$1.57E+00$	$2.19E+00$
5	7	$1.92E+01$	$2.00E+04$	$9.78E+02$	$-1.26E+03$	$1.93E+00$	$1.71E+00$
6	8	$2.07E+01$	$1.89E+04$	$9.02E+02$	$-1.01E+03$	$1.84E+00$	$1.76E+00$
7	9	$2.21E+01$	$1.80E+04$	$7.09E+02$	$-7.10E+02$	$1.55E+00$	$1.90E+00$
8	10	$2.33E+01$	$1.73E+04$	$7.00E+02$	$-6.74E+02$	$1.82E+00$	$1.63E+00$
9	11	$2.47E+01$	$1.68E+04$	$6.73E+02$	$-5.23E+02$	$1.63E+00$	$1.79E+00$
10	12	$2.62E+01$	$1.63E+04$	$6.06E+02$	$-4.40E+02$	$1.49E+00$	$1.78E+00$
11	13	$2.75E+01$	$1.59E+04$	$5.46E+02$	$-3.45E+02$	$1.28E+00$	$2.03E+00$
12	14	$2.85E+01$	$1.56E+04$	$4.78E+02$	$-3.16E+02$	$1.39E+00$	$2.18E+00$
13	15	$3.02E+01$	$1.52E+04$	$5.05E+02$	$-3.62E+02$	$1.80E+00$	$1.67E+00$
14	16	$3.18E+01$	$1.49E+04$	$4.13E+02$	$-2.53E+02$	$1.19E+00$	$1.76E+00$
15	17	$3.24E+01$	$1.47E+04$	$3.86E+02$	$-2.34E+02$	$1.49E+00$	$1.66E+00$
16	18	$3.40E+01$	$1.45E+04$	$3.48E+02$	$-1.82E+02$	$1.17E+00$	$1.70E+00$
17	19	$3.50E+01$	$1.44E+04$	$3.58E+02$	$-1.60E+02$	$1.09E+00$	$2.05E+00$
18	20	$3.57E+01$	$1.42E+04$	$3.26E+02$	$-1.60E+02$	$1.28E+00$	$1.94E+00$
19	21	$3.72E+01$	$1.40E+04$	$2.96E+02$	$-1.38E+02$	$1.11E+00$	$1.68E+00$
20	22	$3.82E+01$	$1.39E+04$	$2.83E+02$	$-1.13E+02$	$9.27E-01$	$1.86E+00$
21	23	$3.87E+01$	$1.38E+04$	$2.80E+02$	$-1.09E+02$	$1.07E+00$	$1.82E+00$
22	24	$3.99E+01$	$1.37E+04$	$2.55E+02$	$-9.02E+01$	$9.45E-01$	$2.02E+00$
23	25	$4.09E+01$	$1.36E+04$	$2.46E+02$	$-8.69E+01$	$9.45E-01$	$1.93E+00$
24	26	$4.15E+01$	$1.35E+04$	$2.29E+02$	$-7.98E+01$	$9.35E-01$	$1.89E+00$
25	27	$4.25E+01$	$1.35E+04$	$2.34E+02$	$-7.85E+01$	$9.81E-01$	$1.71E+00$
26	28	$4.33E+01$	$1.34E+04$	$2.02E+02$	$-5.89E+01$	$7.26E-01$	$2.03E+00$
27	29	$4.38E+01$	$1.33E+04$	$1.97E+02$	$-6.34E+01$	$8.92E-01$	$1.83E+00$
28	30	$4.47E+01$	$1.33E+04$	$2.04E+02$	$-6.00E+01$	$8.97E-01$	$1.85E+00$
29	31	$4.54E+01$	$1.32E+04$	$1.92E+02$	$-5.31E+01$	$8.20E-01$	$1.84E+00$
30	32	$4.60E+01$	$1.32E+04$	$1.85E+02$	$-4.92E+01$	$7.55E-01$	$1.70E+00$
31	33	$4.66E+01$	$1.31E+04$	$1.82E+02$	$-4.31E+01$	$6.70E-01$	$1.74E+00$
32	34	$4.72E+01$	$1.31E+04$	$1.68E+02$	$-3.47E+01$	$5.96E-01$	$2.19E+00$
33	35	$4.76E+01$	$1.31E+04$	$1.61E+02$	$-3.79E+01$	$7.18E-01$	$1.50E+00$
34	36	$4.81E+01$	$1.30E+04$	$1.50E+02$	$-2.75E+01$	$5.60E-01$	$2.04E+00$
35	37	$4.85E+01$	$1.30E+04$	$1.49E+02$	$-2.95E+01$	$5.48E-01$	$1.82E+00$
36	38	$4.87E+01$	$1.30E+04$	$1.56E+02$	$-2.94E+01$	$5.80E-01$	$2.06E+00$
37	39	$4.92E+01$	$1.30E+04$	$1.57E+02$	$-2.97E+01$	$6.25E-01$	$1.76E+00$
38	40	$4.97E+01$	$1.29E+04$	$1.43E+02$	$-2.44E+01$	$4.81E-01$	$1.89E+00$
39	41	$5.00E+01$	$1.29E+04$	$1.30E+02$	$-2.19E+01$	$5.45E-01$	$1.93E+00$
40	42	$5.05E+01$	$1.29E+04$	$1.31E+02$	$-2.19E+01$	$5.00E-01$	$1.71E+00$
41	43	$5.08E+01$	$1.29E+04$	$1.28E+02$	$-1.87E+01$	$4.17E-01$	$2.11E+00$
42	44	$5.11E+01$	$1.28E+04$	$1.20E+02$	$-1.80E+01$	$5.10E-01$	$2.01E+00$
43	45	$5.15E+01$	$1.28E+04$	$1.29E+02$	$-1.98E+01$	$5.20E-01$	$1.65E+00$
44	46	$5.19E+01$	$1.28E+04$	$1.23E+02$	$-1.48E+01$	$3.66E-01$	$2.11E+00$

TABLE 3 – Formulation : 4Dvar ; code : M1QNW ; mode : SIS

k	i_k	$\|\|x_k\|\|$	J_k	$\|\|\nabla J_k\|\|$	$\nabla J_k^T p_k$	$\|\|p_k\|\|$	α_k
0	2	$0.00E+0$	$1.26E+5$	$1.43E+4$	$-1.26E+5$	$8.87E+0$	$1.38E+0$
1	3	$1.22E+1$	$3.92E+4$	$4.17E+3$	$-1.38E+4$	$3.44E+0$	$1.59E+0$
2	4	$1.47E+1$	$2.83E+4$	$2.53E+3$	$-5.75E+3$	$2.72E+0$	$1.64E+0$
3	5	$1.70E+1$	$2.35E+4$	$1.64E+3$	$-2.98E+3$	$2.20E+0$	$1.38E+0$
4	6	$1.80E+1$	$2.15E+4$	$1.16E+3$	$-1.37E+3$	$1.57E+0$	$2.18E+0$
5	7	$1.92E+1$	$2.00E+4$	$9.78E+2$	$-1.26E+3$	$1.93E+0$	$1.71E+0$
6	8	$2.07E+1$	$1.89E+4$	$9.02E+2$	$-1.01E+3$	$1.84E+0$	$1.76E+0$
7	9	$2.21E+1$	$1.80E+4$	$7.09E+2$	$-7.09E+2$	$1.55E+0$	$1.90E+0$
8	10	$2.33E+1$	$1.73E+4$	$7.00E+2$	$-6.74E+2$	$1.82E+0$	$1.63E+0$
9	11	$2.47E+1$	$1.68E+4$	$6.73E+2$	$-5.23E+2$	$1.64E+0$	$1.79E+0$
10	12	$2.62E+1$	$1.63E+4$	$6.06E+2$	$-4.40E+2$	$1.49E+0$	$1.78E+0$
11	13	$2.75E+1$	$1.59E+4$	$5.46E+2$	$-3.45E+2$	$1.28E+0$	$2.03E+0$
12	14	$2.85E+1$	$1.56E+4$	$4.78E+2$	$-3.16E+2$	$1.39E+0$	$2.17E+0$
13	15	$3.02E+1$	$1.52E+4$	$5.04E+2$	$-3.61E+2$	$1.79E+0$	$1.67E+0$
14	16	$3.18E+1$	$1.49E+4$	$4.13E+2$	$-2.53E+2$	$1.19E+0$	$1.76E+0$
15	17	$3.24E+1$	$1.47E+4$	$3.85E+2$	$-2.34E+2$	$1.49E+0$	$1.65E+0$
16	18	$3.40E+1$	$1.45E+4$	$3.47E+2$	$-1.81E+2$	$1.16E+0$	$1.72E+0$
17	19	$3.50E+1$	$1.44E+4$	$3.58E+2$	$-1.61E+2$	$1.10E+0$	$2.04E+0$
18	20	$3.57E+1$	$1.42E+4$	$3.26E+2$	$-1.61E+2$	$1.28E+0$	$1.93E+0$
19	21	$3.72E+1$	$1.40E+4$	$2.96E+2$	$-1.37E+2$	$1.11E+0$	$1.69E+0$
20	22	$3.82E+1$	$1.39E+4$	$2.83E+2$	$-1.14E+2$	$9.30E-1$	$1.86E+0$
21	23	$3.87E+1$	$1.38E+4$	$2.80E+2$	$-1.09E+2$	$1.08E+0$	$1.82E+0$
22	24	$3.99E+1$	$1.37E+4$	$2.55E+2$	$-9.04E+1$	$9.46E-1$	$2.02E+0$
23	25	$4.09E+1$	$1.36E+4$	$2.45E+2$	$-8.73E+1$	$9.50E-1$	$1.91E+0$
24	26	$4.16E+1$	$1.35E+4$	$2.31E+2$	$-7.99E+1$	$9.34E-1$	$1.83E+0$
25	27	$4.24E+1$	$1.35E+4$	$2.41E+2$	$-7.72E+1$	$9.77E-1$	$1.68E+0$
26	28	$4.33E+1$	$1.34E+4$	$2.08E+2$	$-6.09E+1$	$7.32E-1$	$1.72E+0$
27	29	$4.37E+1$	$1.34E+4$	$2.12E+2$	$-5.67E+1$	$7.74E-1$	$1.86E+0$
28	30	$4.44E+1$	$1.33E+4$	$2.11E+2$	$-5.23E+1$	$7.96E-1$	$2.14E+0$
29	31	$4.53E+1$	$1.32E+4$	$1.97E+2$	$-5.54E+1$	$7.99E-1$	$1.77E+0$
30	32	$4.58E+1$	$1.32E+4$	$1.95E+2$	$-4.90E+1$	$7.26E-1$	$1.85E+0$
31	33	$4.63E+1$	$1.32E+4$	$1.81E+2$	$-4.35E+1$	$7.08E-1$	$1.89E+0$
32	34	$4.70E+1$	$1.31E+4$	$1.67E+2$	$-3.93E+1$	$6.48E-1$	$1.81E+0$
33	35	$4.75E+1$	$1.31E+4$	$1.72E+2$	$-3.71E+1$	$7.14E-1$	$1.73E+0$
34	36	$4.80E+1$	$1.30E+4$	$1.58E+2$	$-3.13E+1$	$5.52E-1$	$1.67E+0$
35	37	$4.83E+1$	$1.30E+4$	$1.54E+2$	$-2.67E+1$	$5.04E-1$	$2.11E+0$
36	38	$4.87E+1$	$1.30E+4$	$1.48E+2$	$-2.79E+1$	$5.60E-1$	$2.17E+0$
37	39	$4.90E+1$	$1.30E+4$	$1.55E+2$	$-3.19E+1$	$6.33E-1$	$1.73E+0$
38	40	$4.93E+1$	$1.29E+4$	$1.41E+2$	$-2.59E+1$	$5.32E-1$	$1.79E+0$
39	41	$4.97E+1$	$1.29E+4$	$1.34E+2$	$-2.21E+1$	$4.93E-1$	$2.02E+0$
40	42	$5.01E+1$	$1.29E+4$	$1.31E+2$	$-2.08E+1$	$5.24E-1$	$2.03E+0$
41	43	$5.06E+1$	$1.29E+4$	$1.31E+2$	$-2.12E+1$	$4.42E-1$	$1.78E+0$
42	44	$5.08E+1$	$1.28E+4$	$1.39E+2$	$-2.02E+1$	$4.34E-1$	$1.73E+0$
43	45	$5.10E+1$	$1.28E+4$	$1.23E+2$	$-1.55E+1$	$4.44E-1$	$2.29E+0$
44	46	$5.15E+1$	$1.28E+4$	$1.31E+2$	$-1.57E+1$	$4.39E-1$	$2.18E+0$

TABLE 4 – Formulation : 4Dvar ; code : M1QNW ; mode : DIS

k	i_k	$\|x_k\|$	J_k	$\|\nabla J_k\|$	$\nabla J_k^T p_k$	$\|p_k\|$	α_k
0	3	$0.00E+0$	$1.26E+5$	$1.43E+4$	$-2.03E+9$	$1.43E+5$	$1.48E-5$
1	4	$2.11E+0$	$9.89E+4$	$1.18E+4$	$-1.31E+5$	$1.14E+1$	$1.00E+0$
2	5	$1.34E+1$	$3.01E+4$	$2.29E+3$	$-5.52E+3$	$2.51E+0$	$1.00E+0$
3	6	$1.49E+1$	$2.60E+4$	$1.62E+3$	$-7.67E+3$	$5.21E+0$	$1.00E+0$
4	7	$1.81E+1$	$2.20E+4$	$1.22E+3$	$-3.16E+3$	$3.30E+0$	$1.00E+0$
5	8	$1.93E+1$	$2.08E+4$	$1.45E+3$	$-1.32E+3$	$1.19E+0$	$1.00E+0$
6	9	$1.94E+1$	$1.97E+4$	$7.70E+2$	$-1.39E+3$	$2.50E+0$	$1.00E+0$
7	10	$2.02E+1$	$1.88E+4$	$6.55E+2$	$-7.53E+2$	$2.11E+0$	$1.00E+0$
8	11	$2.12E+1$	$1.82E+4$	$6.67E+2$	$-1.75E+3$	$5.20E+0$	$1.00E+0$
9	12	$2.39E+1$	$1.72E+4$	$9.14E+2$	$-1.65E+3$	$4.73E+0$	$1.00E+0$
10	13	$2.68E+1$	$1.69E+4$	$1.05E+3$	$-8.59E+2$	$1.60E+0$	$1.00E+0$
11	14	$2.57E+1$	$1.64E+4$	$4.04E+2$	$-3.03E+2$	$9.67E-1$	$1.00E+0$
12	15	$2.59E+1$	$1.61E+4$	$3.54E+2$	$-5.35E+2$	$2.62E+0$	$1.00E+0$
13	16	$2.70E+1$	$1.58E+4$	$4.41E+2$	$-6.49E+2$	$3.78E+0$	$1.00E+0$
14	17	$2.91E+1$	$1.54E+4$	$6.30E+2$	$-7.00E+2$	$4.51E+0$	$1.00E+0$
15	18	$3.20E+1$	$1.50E+4$	$4.03E+2$	$-2.87E+2$	$1.09E+0$	$1.00E+0$
16	19	$3.23E+1$	$1.48E+4$	$2.74E+2$	$-3.19E+2$	$1.74E+0$	$1.00E+0$
17	20	$3.29E+1$	$1.46E+4$	$3.10E+2$	$-2.68E+2$	$2.24E+0$	$1.00E+0$
18	21	$3.40E+1$	$1.45E+4$	$4.04E+2$	$-3.06E+2$	$2.80E+0$	$1.00E+0$
19	22	$3.55E+1$	$1.43E+4$	$2.73E+2$	$-2.30E+2$	$2.19E+0$	$1.00E+0$
20	23	$3.66E+1$	$1.42E+4$	$2.81E+2$	$-1.42E+2$	$1.34E+0$	$1.00E+0$
21	24	$3.73E+1$	$1.41E+4$	$2.57E+2$	$-2.15E+2$	$2.26E+0$	$1.00E+0$
22	25	$3.85E+1$	$1.39E+4$	$2.60E+2$	$-2.23E+2$	$2.49E+0$	$1.00E+0$
23	26	$3.96E+1$	$1.39E+4$	$3.61E+2$	$-1.14E+2$	$4.95E-1$	$1.00E+0$
24	27	$3.98E+1$	$1.38E+4$	$1.96E+2$	$-1.12E+2$	$1.01E+0$	$1.00E+0$
25	28	$4.01E+1$	$1.37E+4$	$1.87E+2$	$-8.62E+1$	$1.41E+0$	$1.00E+0$
26	29	$4.08E+1$	$1.36E+4$	$2.07E+2$	$-2.01E+2$	$3.36E+0$	$1.00E+0$
27	30	$4.25E+1$	$1.36E+4$	$4.35E+2$	$-1.47E+2$	$9.22E-1$	$1.00E+0$
28	31	$4.30E+1$	$1.35E+4$	$1.62E+2$	$-5.03E+1$	$4.80E-1$	$1.00E+0$
29	32	$4.32E+1$	$1.35E+4$	$1.42E+2$	$-6.97E+1$	$1.13E+0$	$1.00E+0$
30	33	$4.37E+1$	$1.34E+4$	$1.64E+2$	$-1.01E+2$	$1.98E+0$	$1.00E+0$
31	34	$4.46E+1$	$1.34E+4$	$2.17E+2$	$-1.45E+2$	$3.13E+0$	$1.00E+0$
32	35	$4.60E+1$	$1.33E+4$	$2.55E+2$	$-7.02E+1$	$3.41E-1$	$1.00E+0$
33	36	$4.61E+1$	$1.33E+4$	$1.22E+2$	$-4.72E+1$	$5.10E-1$	$1.00E+0$
34	37	$4.62E+1$	$1.33E+4$	$1.29E+2$	$-4.66E+1$	$1.04E+0$	$1.00E+0$
35	38	$4.66E+1$	$1.32E+4$	$1.70E+2$	$-8.43E+1$	$2.10E+0$	$1.00E+0$
36	39	$4.75E+1$	$1.32E+4$	$1.84E+2$	$-4.46E+1$	$8.88E-1$	$1.00E+0$
37	40	$4.80E+1$	$1.32E+4$	$1.07E+2$	$-3.76E+1$	$8.89E-1$	$1.00E+0$
38	41	$4.84E+1$	$1.32E+4$	$1.16E+2$	$-3.44E+1$	$9.44E-1$	$1.00E+0$
39	43	$4.88E+1$	$1.32E+4$	$1.33E+2$	$-7.03E+1$	$1.99E+0$	$3.69E-1$
40	44	$4.90E+1$	$1.32E+4$	$1.18E+2$	$-6.13E+1$	$1.88E+0$	$1.00E+0$
41	45	$4.97E+1$	$1.32E+4$	$1.11E+2$	$-4.18E+1$	$1.20E+0$	$1.00E+0$
42	46	$5.02E+1$	$1.32E+4$	$1.85E+2$	$-2.71E+1$	$3.03E-1$	$1.00E+0$
43	47	$5.03E+1$	$1.31E+4$	$1.13E+2$	$-3.81E+1$	$7.35E-1$	$1.00E+0$
44	48	$5.05E+1$	$1.31E+4$	$8.28E+1$	$-1.90E+1$	$7.14E-1$	$1.00E+0$

TABLE 5 – Formulation : 4DVar ; code : LBFGS

Résultats expérimentaux avec l'approche 4DInc

Les en-têtes des colonnes des tableaux comprennent les éléments suivants :

k	l'itération en cours
$\tilde{i}_k$	cumule du nombre d'appel au calcul de la fonction coût et de son gradient
$\|x_k\|$	norme de l'itéré en cours
J_k	valeur de la fonction à l'itéré en cours
$\|\nabla J_k\|$	norme du gradient de la fonction coût à l'itération en cours
p_k	direction de recherche à l'itération en cours
$\|p_k\|$	norme de la direction de recherche à l'itération en cours
$\|\nabla J_k p_k\|$	dérivée de la fonction coût dans la direction p_k à l'itéré courant
α_k	longueur du pas sélectionné à l'itération k

k	i_k	$\|x_k\|$	J_k	$\|\nabla J_k\|$	$\nabla J_k^T p_k$	$\|p_k\|$	α_k
0	2	$0.00E+00$	$1.26E+05$	$1.43E+04$	$-1.26E+05$	$8.87E+00$	$1.00E+00$
1	3	$8.87E+00$	$4.75E+04$	$4.70E+03$	$-2.33E+04$	$4.96E+00$	$1.00E+00$
2	4	$1.31E+01$	$3.37E+04$	$2.04E+03$	$-5.77E+03$	$3.03E+00$	$1.00E+00$
3	5	$1.48E+01$	$2.98E+04$	$1.47E+03$	$-5.35E+03$	$4.35E+00$	$1.00E+00$
4	6	$1.71E+01$	$2.73E+04$	$1.48E+03$	$-2.31E+03$	$2.22E+00$	$1.00E+00$
5	7	$1.78E+01$	$2.59E+04$	$8.49E+02$	$-9.99E+02$	$1.63E+00$	$1.00E+00$
6	8	$1.82E+01$	$2.51E+04$	$7.34E+02$	$-1.78E+03$	$3.75E+00$	$1.00E+00$
7	9	$1.99E+01$	$2.39E+04$	$7.00E+02$	$-1.83E+03$	$4.86E+00$	$1.00E+00$
8	10	$2.27E+01$	$2.37E+04$	$1.53E+03$	$-1.32E+03$	$8.81E-01$	$1.00E+00$
9	11	$2.26E+01$	$2.29E+04$	$5.30E+02$	$-4.20E+02$	$1.04E+00$	$1.00E+00$
10	12	$2.30E+01$	$2.26E+04$	$3.84E+02$	$-5.36E+02$	$2.28E+00$	$1.00E+00$
11	13	$2.42E+01$	$2.22E+04$	$4.69E+02$	$-6.95E+02$	$3.40E+00$	$1.00E+00$
12	15	$2.61E+01$	$2.17E+04$	$4.86E+02$	$-1.29E+03$	$7.58E+00$	$4.11E-01$
13	16	$2.80E+01$	$2.14E+04$	$6.95E+02$	$-6.01E+02$	$3.21E+00$	$1.00E+00$
14	17	$3.01E+01$	$2.10E+04$	$3.34E+02$	$-3.07E+02$	$1.94E+00$	$1.00E+00$
0	3	$0.00E+00$	$1.87E+04$	$1.23E+03$	$-1.87E+04$	$1.52E+01$	$8.77E-02$
1	4	$1.34E+00$	$1.79E+04$	$7.96E+02$	$-4.86E+02$	$7.27E-01$	$1.00E+00$
2	5	$1.84E+00$	$1.75E+04$	$5.25E+02$	$-7.56E+02$	$1.67E+00$	$1.00E+00$
3	6	$3.26E+00$	$1.70E+04$	$4.35E+02$	$-5.41E+02$	$1.81E+00$	$1.00E+00$
4	7	$4.81E+00$	$1.67E+04$	$4.91E+02$	$-7.86E+02$	$3.14E+00$	$1.00E+00$
5	8	$7.59E+00$	$1.63E+04$	$5.58E+02$	$-3.94E+02$	$1.24E+00$	$1.00E+00$
6	9	$8.42E+00$	$1.60E+04$	$3.27E+02$	$-3.17E+02$	$1.48E+00$	$1.00E+00$
7	10	$9.34E+00$	$1.58E+04$	$3.27E+02$	$-3.56E+02$	$2.32E+00$	$1.00E+00$
8	11	$1.11E+01$	$1.56E+04$	$4.27E+02$	$-4.84E+02$	$3.48E+00$	$1.00E+00$
9	12	$1.40E+01$	$1.54E+04$	$5.09E+02$	$-2.30E+02$	$6.60E-01$	$1.00E+00$
10	13	$1.44E+01$	$1.52E+04$	$2.50E+02$	$-1.68E+02$	$9.87E-01$	$1.00E+00$
11	14	$1.50E+01$	$1.51E+04$	$2.55E+02$	$-1.71E+02$	$1.62E+00$	$1.00E+00$
12	15	$1.61E+01$	$1.50E+04$	$2.90E+02$	$-4.08E+02$	$4.03E+00$	$1.00E+00$
13	16	$1.92E+01$	$1.49E+04$	$6.16E+02$	$-3.33E+02$	$2.14E+00$	$1.00E+00$
14	17	$2.09E+01$	$1.47E+04$	$2.30E+02$	$-9.66E+01$	$6.71E-01$	$1.00E+00$
0	3	$0.00E+00$	$1.39E+04$	$4.17E+02$	$-1.39E+04$	$3.33E+04$	$1.93E-02$
1	4	$6.45E-01$	$1.38E+04$	$3.50E+02$	$-1.11E+02$	$4.14E-01$	$1.00E+00$
2	5	$9.65E-01$	$1.37E+04$	$2.33E+02$	$-1.55E+02$	$8.47E-01$	$1.00E+00$
3	6	$1.72E+00$	$1.36E+04$	$2.05E+02$	$-1.27E+02$	$9.78E-01$	$1.00E+00$
4	7	$2.57E+00$	$1.35E+04$	$2.74E+02$	$-1.24E+02$	$1.08E+00$	$1.00E+00$
5	8	$3.51E+00$	$1.34E+04$	$1.88E+02$	$-8.08E+01$	$8.09E-01$	$1.00E+00$
6	9	$4.15E+00$	$1.34E+04$	$1.66E+02$	$-1.13E+02$	$1.33E+00$	$1.00E+00$
7	10	$5.20E+00$	$1.33E+04$	$1.97E+02$	$-1.46E+02$	$1.92E+00$	$1.00E+00$
8	11	$6.82E+00$	$1.32E+04$	$2.81E+02$	$-1.52E+02$	$2.04E+00$	$1.00E+00$
9	12	$8.60E+00$	$1.31E+04$	$2.29E+02$	$-1.82E+02$	$2.55E+00$	$1.00E+00$
10	13	$1.09E+01$	$1.30E+04$	$2.25E+02$	$-1.27E+02$	$1.69E+00$	$1.00E+00$
11	14	$1.23E+01$	$1.29E+04$	$2.25E+02$	$-8.99E+01$	$1.14E+00$	$1.00E+00$
12	15	$1.32E+01$	$1.29E+04$	$1.73E+02$	$-1.12E+02$	$1.72E+00$	$1.00E+00$
13	16	$1.46E+01$	$1.28E+04$	$1.75E+02$	$-8.42E+01$	$1.53E+00$	$1.00E+00$
14	17	$1.60E+01$	$1.28E+04$	$1.94E+02$	$-5.79E+01$	$1.04E+00$	$1.00E+00$

TABLE 6 – Formulation 4DInc ; code : M1QN3 ; mode : SIS ; restart : COLD

k	$\tilde{i}_k$	$\|x_k\|$	J_k	$\|\nabla J_k\|$	$\nabla J_k^T p_k$	$\|p_k\|$	α_k
0	2	$0.00E+00$	$1.26E+05$	$1.43E+04$	$-1.26E+05$	$8.87E+00$	$1.00E+00$
1	3	$8.87E+00$	$4.75E+04$	$4.70E+03$	$-2.33E+04$	$4.96E+00$	$1.00E+00$
2	4	$1.31E+01$	$3.37E+04$	$2.04E+03$	$-5.77E+03$	$3.03E+00$	$1.00E+00$
3	5	$1.48E+01$	$2.98E+04$	$1.47E+03$	$-5.35E+03$	$4.35E+00$	$1.00E+00$
4	6	$1.71E+01$	$2.73E+04$	$1.48E+03$	$-2.31E+03$	$2.22E+00$	$1.00E+00$
5	7	$1.78E+01$	$2.59E+04$	$8.49E+02$	$-9.99E+02$	$1.63E+00$	$1.00E+00$
6	8	$1.82E+01$	$2.51E+04$	$7.34E+02$	$-1.78E+03$	$3.75E+00$	$1.00E+00$
7	9	$1.99E+01$	$2.39E+04$	$7.00E+02$	$-1.83E+03$	$4.86E+00$	$1.00E+00$
8	10	$2.27E+01$	$2.37E+04$	$1.53E+03$	$-1.32E+03$	$8.81E-01$	$1.00E+00$
9	11	$2.26E+01$	$2.29E+04$	$5.30E+02$	$-4.20E+02$	$1.04E+00$	$1.00E+00$
10	12	$2.30E+01$	$2.26E+04$	$3.84E+02$	$-5.36E+02$	$2.28E+00$	$1.00E+00$
11	13	$2.42E+01$	$2.22E+04$	$4.69E+02$	$-6.95E+02$	$3.40E+00$	$1.00E+00$
12	15	$2.61E+01$	$2.17E+04$	$4.86E+02$	$-1.29E+03$	$7.58E+00$	$4.11E-01$
13	16	$2.80E+01$	$2.14E+04$	$6.95E+02$	$-6.01E+02$	$3.21E+00$	$1.00E+00$
14	17	$3.01E+01$	$2.10E+04$	$3.34E+02$	$-3.07E+02$	$1.94E+00$	$1.00E+00$
0	2	$0.00E+00$	$1.87E+04$	$1.23E+03$	$-2.97E+03$	$3.00E+00$	$1.00E+00$
1	3	$3.00E+00$	$1.79E+04$	$1.22E+03$	$-1.01E+03$	$9.62E-01$	$1.00E+00$
2	4	$3.15E+00$	$1.72E+04$	$4.91E+02$	$-3.67E+02$	$9.15E-01$	$1.00E+00$
3	5	$3.81E+00$	$1.69E+04$	$3.78E+02$	$-5.23E+02$	$2.09E+00$	$1.00E+00$
4	6	$5.59E+00$	$1.66E+04$	$4.53E+02$	$-6.05E+02$	$2.97E+00$	$1.00E+00$
5	8	$8.21E+00$	$1.61E+04$	$4.84E+02$	$-1.00E+03$	$5.79E+00$	$4.85E-01$
6	9	$1.07E+01$	$1.59E+04$	$5.91E+02$	$-4.31E+02$	$2.32E+00$	$1.00E+00$
7	10	$1.28E+01$	$1.56E+04$	$3.01E+02$	$-2.74E+02$	$1.74E+00$	$1.00E+00$
8	11	$1.41E+01$	$1.54E+04$	$2.96E+02$	$-3.33E+02$	$2.48E+00$	$1.00E+00$
9	12	$1.59E+01$	$1.52E+04$	$3.79E+02$	$-4.78E+02$	$3.91E+00$	$1.00E+00$
10	13	$1.90E+01$	$1.51E+04$	$6.76E+02$	$-3.25E+02$	$5.40E-01$	$1.00E+00$
11	14	$1.90E+01$	$1.49E+04$	$2.47E+02$	$-1.31E+02$	$7.13E-01$	$1.00E+00$
12	15	$1.93E+01$	$1.48E+04$	$2.09E+02$	$-1.39E+02$	$1.46E+00$	$1.00E+00$
13	16	$2.04E+01$	$1.47E+04$	$2.55E+02$	$-2.16E+02$	$2.65E+00$	$1.00E+00$
14	18	$2.24E+01$	$1.45E+04$	$2.59E+02$	$-4.02E+02$	$5.50E+00$	$2.96E-01$
0	2	$0.00E+00$	$1.38E+04$	$5.23E+02$	$-6.14E+02$	$6.65E+00$	$1.00E+00$
1	3	$6.65E+00$	$1.35E+04$	$2.87E+02$	$-2.41E+02$	$1.88E+00$	$1.00E+00$
2	4	$8.33E+00$	$1.34E+04$	$4.09E+02$	$-1.50E+02$	$7.02E-01$	$1.00E+00$
3	5	$8.38E+00$	$1.33E+04$	$2.43E+02$	$-1.24E+02$	$9.54E-01$	$1.00E+00$
4	6	$8.47E+00$	$1.32E+04$	$2.15E+02$	$-1.26E+02$	$1.43E+00$	$1.00E+00$
5	7	$9.43E+00$	$1.31E+04$	$2.09E+02$	$-2.07E+02$	$2.73E+00$	$1.00E+00$
6	8	$1.16E+01$	$1.30E+04$	$4.15E+02$	$-1.50E+02$	$1.24E+00$	$1.00E+00$
7	9	$1.27E+01$	$1.29E+04$	$1.84E+02$	$-7.26E+01$	$8.97E-01$	$1.00E+00$
8	10	$1.34E+01$	$1.29E+04$	$1.58E+02$	$-9.46E+01$	$1.57E+00$	$1.00E+00$
9	11	$1.47E+01$	$1.28E+04$	$1.85E+02$	$-1.56E+02$	$2.61E+00$	$1.00E+00$
10	12	$1.67E+01$	$1.28E+04$	$4.49E+02$	$-1.22E+02$	$5.38E-01$	$1.00E+00$
11	13	$1.71E+01$	$1.27E+04$	$1.67E+02$	$-5.05E+01$	$6.11E-01$	$1.00E+00$

TABLE 7 – Formulation 4DInc ; code : M1QN3 ; mode : SIS ; restart : WARM

k	i_k	$\|x_k\|$	J_k	$\|\nabla J_k\|$	$\nabla J_k^T p_k$	$\|p_k\|$	α_k
0	2	$0.00E+00$	$1.26E+05$	$1.43E+04$	$-1.26E+05$	$8.87E+00$	$1.00E+00$
1	3	$8.87E+00$	$4.75E+04$	$4.70E+03$	$-2.33E+04$	$4.96E+00$	$1.00E+00$
2	4	$1.31E+01$	$3.37E+04$	$2.04E+03$	$-5.77E+03$	$3.03E+00$	$1.00E+00$
3	5	$1.48E+01$	$2.98E+04$	$1.47E+03$	$-5.35E+03$	$4.35E+00$	$1.00E+00$
4	6	$1.71E+01$	$2.73E+04$	$1.48E+03$	$-2.31E+03$	$2.22E+00$	$1.00E+00$
5	7	$1.78E+01$	$2.59E+04$	$8.49E+02$	$-1.00E+03$	$1.63E+00$	$1.00E+00$
6	8	$1.82E+01$	$2.51E+04$	$7.34E+02$	$-1.78E+03$	$3.75E+00$	$1.00E+00$
7	9	$1.99E+01$	$2.39E+04$	$7.00E+02$	$-1.83E+03$	$4.86E+00$	$1.00E+00$
8	10	$2.27E+01$	$2.37E+04$	$1.53E+03$	$-1.32E+03$	$8.80E-01$	$1.00E+00$
9	11	$2.27E+01$	$2.29E+04$	$5.30E+02$	$-4.20E+02$	$1.04E+00$	$1.00E+00$
10	12	$2.30E+01$	$2.26E+04$	$3.84E+02$	$-5.35E+02$	$2.28E+00$	$1.00E+00$
11	13	$2.42E+01$	$2.22E+04$	$4.68E+02$	$-6.96E+02$	$3.40E+00$	$1.00E+00$
12	15	$2.61E+01$	$2.17E+04$	$4.86E+02$	$-1.29E+03$	$7.59E+00$	$4.11E-01$
13	16	$2.81E+01$	$2.14E+04$	$6.94E+02$	$-5.99E+02$	$3.20E+00$	$1.00E+00$
14	17	$3.01E+01$	$2.10E+04$	$3.34E+02$	$-3.07E+02$	$1.94E+00$	$1.00E+00$
0	3	$0.00E+00$	$1.87E+04$	$1.23E+03$	$-1.87E+04$	$1.52E+01$	$8.76E-02$
1	4	$1.34E+00$	$1.79E+04$	$7.96E+02$	$-4.85E+02$	$7.26E-01$	$1.00E+00$
2	5	$1.83E+00$	$1.75E+04$	$5.25E+02$	$-7.57E+02$	$1.67E+00$	$1.00E+00$
3	6	$3.26E+00$	$1.70E+04$	$4.35E+02$	$-5.40E+02$	$1.81E+00$	$1.00E+00$
4	7	$4.80E+00$	$1.67E+04$	$4.91E+02$	$-7.84E+02$	$3.14E+00$	$1.00E+00$
5	8	$7.58E+00$	$1.63E+04$	$5.55E+02$	$-3.93E+02$	$1.24E+00$	$1.00E+00$
6	9	$8.42E+00$	$1.60E+04$	$3.27E+02$	$-3.19E+02$	$1.49E+00$	$1.00E+00$
7	10	$9.35E+00$	$1.58E+04$	$3.27E+02$	$-3.58E+02$	$2.33E+00$	$1.00E+00$
8	11	$1.11E+01$	$1.56E+04$	$4.28E+02$	$-4.82E+02$	$3.46E+00$	$1.00E+00$
9	12	$1.40E+01$	$1.54E+04$	$5.01E+02$	$-2.28E+02$	$6.75E-01$	$1.00E+00$
10	13	$1.44E+01$	$1.52E+04$	$2.50E+02$	$-1.71E+02$	$1.01E+00$	$1.00E+00$
11	14	$1.50E+01$	$1.51E+04$	$2.56E+02$	$-1.72E+02$	$1.63E+00$	$1.00E+00$
12	15	$1.61E+01$	$1.50E+04$	$2.90E+02$	$-4.17E+02$	$4.13E+00$	$1.00E+00$
13	16	$1.93E+01$	$1.49E+04$	$6.55E+02$	$-3.40E+02$	$1.78E+00$	$1.00E+00$
14	17	$2.07E+01$	$1.47E+04$	$2.29E+02$	$-9.54E+01$	$6.72E-01$	$1.00E+00$
0	3	$0.00E+00$	$1.39E+04$	$4.17E+02$	$-1.39E+04$	$3.34E+01$	$1.92E-02$
1	4	$6.41E-01$	$1.38E+04$	$3.49E+02$	$-1.10E+02$	$4.11E+00$	$1.00E+00$
2	5	$9.58E-01$	$1.37E+04$	$2.33E+02$	$-1.54E+02$	$8.43E-01$	$1.00E+00$
3	6	$1.71E+00$	$1.36E+04$	$2.04E+02$	$-1.26E+02$	$9.74E-01$	$1.00E+00$
4	7	$2.56E+00$	$1.35E+04$	$2.74E+02$	$-1.25E+02$	$1.08E+00$	$1.00E+00$
5	8	$3.51E+00$	$1.34E+04$	$1.89E+02$	$-8.19E+01$	$8.21E-01$	$1.00E+00$
6	9	$4.15E+00$	$1.34E+04$	$1.67E+02$	$-1.15E+02$	$1.35E+00$	$1.00E+00$
7	10	$5.23E+00$	$1.33E+04$	$1.99E+02$	$-1.47E+02$	$1.93E+00$	$1.00E+00$
8	11	$6.86E+00$	$1.32E+04$	$2.82E+02$	$-1.54E+02$	$2.06E+00$	$1.00E+00$
9	12	$8.66E+00$	$1.31E+04$	$2.30E+02$	$-1.84E+02$	$2.56E+00$	$1.00E+00$
10	13	$1.09E+01$	$1.30E+04$	$2.26E+02$	$-1.28E+02$	$1.69E+00$	$1.00E+00$
11	14	$1.24E+01$	$1.29E+04$	$2.24E+02$	$-9.03E+01$	$1.14E+00$	$1.00E+00$
12	15	$1.33E+01$	$1.29E+04$	$1.72E+02$	$-1.13E+02$	$1.74E+00$	$1.00E+00$
13	16	$1.47E+01$	$1.28E+04$	$1.76E+02$	$-8.48E+01$	$1.53E+00$	$1.00E+00$
14	17	$1.60E+01$	$1.28E+04$	$1.91E+02$	$-5.79E+01$	$1.04E+00$	$1.00E+00$

TABLE 8 – Formulation 4DInc ; code : M1QN3 ; mode : DIS ; restart : COLD

k	$\tilde{i}_k$	$\|x_k\|$	J_k	$\|\nabla J_k\|$	$\nabla J_k^T p_k$	$\|p_k\|$	α_k
0	2	$0.00E+00$	$1.26E+05$	$1.43E+04$	$-1.26E+05$	$8.87E+00$	$1.00E+00$
1	3	$8.87E+00$	$4.75E+04$	$4.70E+03$	$-2.33E+04$	$4.96E+00$	$1.00E+00$
2	4	$1.31E+01$	$3.37E+04$	$2.04E+03$	$-5.77E+03$	$3.03E+00$	$1.00E+00$
3	5	$1.48E+01$	$2.98E+04$	$1.47E+03$	$-5.35E+03$	$4.35E+00$	$1.00E+00$
4	6	$1.71E+01$	$2.73E+04$	$1.48E+03$	$-2.31E+03$	$2.22E+00$	$1.00E+00$
5	7	$1.78E+01$	$2.59E+04$	$8.49E+02$	$-1.00E+03$	$1.63E+00$	$1.00E+00$
6	8	$1.82E+01$	$2.51E+04$	$7.34E+02$	$-1.78E+03$	$3.75E+00$	$1.00E+00$
7	9	$1.99E+01$	$2.39E+04$	$7.00E+02$	$-1.83E+03$	$4.86E+00$	$1.00E+00$
8	10	$2.27E+01$	$2.37E+04$	$1.53E+03$	$-1.32E+03$	$8.80E-01$	$1.00E+00$
9	11	$2.27E+01$	$2.29E+04$	$5.30E+02$	$-4.20E+02$	$1.04E+00$	$1.00E+00$
10	12	$2.30E+01$	$2.26E+04$	$3.84E+02$	$-5.35E+02$	$2.28E+00$	$1.00E+00$
11	13	$2.42E+01$	$2.22E+04$	$4.68E+02$	$-6.96E+02$	$3.40E+00$	$1.00E+00$
12	15	$2.61E+01$	$2.17E+04$	$4.86E+02$	$-1.29E+03$	$7.59E+00$	$4.11E-01$
13	16	$2.81E+01$	$2.14E+04$	$6.94E+02$	$-5.99E+02$	$3.20E+00$	$1.00E+00$
14	17	$3.01E+01$	$2.10E+04$	$3.34E+02$	$-3.07E+02$	$1.94E+00$	$1.00E+00$
0	2	$0.00E+00$	$1.87E+04$	$1.23E+03$	$-2.98E+03$	$3.01E+00$	$1.00E+00$
1	3	$3.01E+00$	$1.79E+04$	$1.23E+03$	$-1.02E+03$	$9.58E-01$	$1.00E+00$
2	4	$3.14E+00$	$1.72E+04$	$4.91E+02$	$-3.65E+02$	$9.10E-01$	$1.00E+00$
3	5	$3.80E+00$	$1.69E+04$	$3.77E+02$	$-5.25E+02$	$2.09E+00$	$1.00E+00$
4	6	$5.58E+00$	$1.66E+04$	$4.52E+02$	$-6.03E+02$	$2.97E+00$	$1.00E+00$
5	8	$8.19E+00$	$1.61E+04$	$4.81E+02$	$-1.01E+03$	$5.81E+00$	$4.81E-01$
6	9	$1.07E+01$	$1.59E+04$	$5.97E+02$	$-4.40E+02$	$2.38E+00$	$1.00E+00$
7	10	$1.28E+01$	$1.56E+04$	$3.02E+02$	$-2.74E+02$	$1.75E+00$	$1.00E+00$
8	11	$1.41E+01$	$1.54E+04$	$2.95E+02$	$-3.41E+02$	$2.54E+00$	$1.00E+00$
9	12	$1.60E+01$	$1.52E+04$	$3.95E+02$	$-4.45E+02$	$3.59E+00$	$1.00E+00$
10	13	$1.88E+01$	$1.50E+04$	$5.71E+02$	$-2.54E+02$	$5.73E-01$	$1.00E+00$
11	14	$1.89E+01$	$1.49E+04$	$2.43E+02$	$-1.57E+02$	$9.41E-01$	$1.00E+00$
12	15	$1.95E+01$	$1.48E+04$	$2.27E+02$	$-1.28E+02$	$1.44E+00$	$1.00E+00$
13	16	$2.05E+01$	$1.47E+04$	$2.58E+02$	$-2.64E+02$	$3.19E+00$	$1.00E+00$
14	17	$2.30E+01$	$1.45E+04$	$3.94E+02$	$-3.07E+02$	$3.84E+00$	$1.00E+00$
0	2	$0.00E+00$	$1.37E+04$	$4.89E+02$	$-4.89E+02$	$4.71E+00$	$1.00E+00$
1	3	$4.71E+00$	$1.34E+04$	$2.62E+02$	$-2.11E+02$	$1.46E+00$	$1.00E+00$
2	4	$5.92E+00$	$1.33E+04$	$2.82E+02$	$-1.76E+02$	$1.19E+00$	$1.00E+00$
3	5	$6.45E+00$	$1.32E+04$	$2.45E+02$	$-1.64E+02$	$1.54E+00$	$1.00E+00$
4	6	$7.33E+00$	$1.31E+04$	$2.20E+02$	$-1.74E+02$	$2.01E+00$	$1.00E+00$
5	7	$8.78E+00$	$1.30E+04$	$2.57E+02$	$-1.20E+02$	$1.23E+00$	$1.00E+00$
6	8	$9.69E+00$	$1.29E+04$	$1.92E+02$	$-1.30E+02$	$1.68E+00$	$1.00E+00$
7	9	$1.11E+01$	$1.28E+04$	$2.01E+02$	$-1.38E+02$	$2.16E+00$	$1.00E+00$
8	10	$1.30E+01$	$1.28E+04$	$2.84E+02$	$-9.89E+01$	$1.29E+00$	$1.00E+00$
9	11	$1.41E+01$	$1.27E+04$	$1.66E+02$	$-7.89E+01$	$1.14E+00$	$1.00E+00$
10	12	$1.50E+01$	$1.26E+04$	$1.54E+02$	$-8.14E+01$	$1.48E+00$	$1.00E+00$
11	13	$1.61E+01$	$1.26E+04$	$1.88E+02$	$-1.13E+02$	$2.17E+00$	$1.00E+00$
12	14	$1.77E+01$	$1.26E+04$	$2.47E+02$	$-5.88E+01$	$4.88E-01$	$1.00E+00$

TABLE 9 – Formulation 4DInc ; code : M1QN3 ; mode : DIS ; restart : WARM

k	i_k	$\|x_k\|$	J_k	$\|\nabla J_k\|$	$\nabla J_k^T p_k$	$\|p_k\|$	α_k
0	2	$0.00E+00$	$1.26E+05$	$1.43E+04$	$-1.26E+05$	$8.87E+00$	$1.33E+00$
1	3	$1.18E+01$	$4.23E+04$	$4.12E+03$	$-1.30E+04$	$3.28E+00$	$1.48E+00$
2	4	$1.40E+01$	$3.27E+04$	$2.29E+03$	$-4.53E+03$	$2.29E+00$	$1.75E+00$
3	5	$1.56E+01$	$2.88E+04$	$1.59E+03$	$-2.57E+03$	$2.08E+00$	$1.46E+00$
4	6	$1.68E+01$	$2.69E+04$	$1.16E+03$	$-1.31E+03$	$1.55E+00$	$2.30E+00$
5	7	$1.83E+01$	$2.54E+04$	$9.48E+02$	$-1.21E+03$	$1.91E+00$	$1.64E+00$
6	8	$1.97E+01$	$2.44E+04$	$8.52E+02$	$-8.81E+02$	$1.74E+00$	$1.86E+00$
7	9	$2.12E+01$	$2.36E+04$	$7.46E+02$	$-7.11E+02$	$1.70E+00$	$1.84E+00$
8	10	$2.27E+01$	$2.29E+04$	$6.87E+02$	$-5.99E+02$	$1.67E+00$	$1.67E+00$
9	11	$2.41E+01$	$2.24E+04$	$6.16E+02$	$-4.46E+02$	$1.44E+00$	$2.05E+00$
10	12	$2.57E+01$	$2.20E+04$	$5.92E+02$	$-4.39E+02$	$1.60E+00$	$1.89E+00$
11	13	$2.73E+01$	$2.15E+04$	$4.95E+02$	$-3.41E+02$	$1.42E+00$	$2.33E+00$
12	14	$2.92E+01$	$2.11E+04$	$4.80E+02$	$-3.87E+02$	$1.80E+00$	$1.70E+00$
13	15	$3.09E+01$	$2.08E+04$	$4.93E+02$	$-3.37E+02$	$1.71E+00$	$1.65E+00$
14	16	$3.25E+01$	$2.05E+04$	$3.83E+02$	$-2.09E+02$	$1.19E+00$	$2.14E+00$
0	2	$0.00E+00$	$1.85E+04$	$1.21E+03$	$-1.85E+04$	$1.52E+01$	$8.83E-02$
1	3	$1.34E+00$	$1.76E+04$	$8.04E+02$	$-4.98E+02$	$7.44E-01$	$2.24E+00$
2	4	$2.66E+00$	$1.71E+04$	$6.03E+02$	$-4.03E+02$	$8.98E-01$	$2.00E+00$
3	5	$4.01E+00$	$1.67E+04$	$5.44E+02$	$-3.61E+02$	$1.04E+00$	$1.98E+00$
4	6	$5.59E+00$	$1.63E+04$	$5.12E+02$	$-3.36E+02$	$1.17E+00$	$2.07E+00$
5	7	$7.48E+00$	$1.60E+04$	$4.66E+02$	$-3.15E+02$	$1.29E+00$	$1.74E+00$
6	8	$9.23E+00$	$1.57E+04$	$4.48E+02$	$-2.63E+02$	$1.23E+00$	$1.65E+00$
7	9	$1.08E+01$	$1.55E+04$	$4.12E+02$	$-1.99E+02$	$1.05E+00$	$2.04E+00$
8	10	$1.24E+01$	$1.53E+04$	$4.00E+02$	$-1.96E+02$	$1.14E+00$	$1.96E+00$
9	11	$1.41E+01$	$1.51E+04$	$3.56E+02$	$-1.70E+02$	$1.10E+00$	$1.81E+00$
10	12	$1.56E+01$	$1.49E+04$	$3.26E+02$	$-1.41E+02$	$1.01E+00$	$2.15E+00$
11	13	$1.72E+01$	$1.48E+04$	$3.05E+02$	$-1.41E+02$	$1.11E+00$	$1.63E+00$
12	14	$1.85E+01$	$1.47E+04$	$3.06E+02$	$-1.16E+02$	$9.89E-01$	$2.02E+00$
13	15	$1.99E+01$	$1.46E+04$	$2.83E+02$	$-1.08E+02$	$9.97E-01$	$1.57E+00$
14	16	$2.10E+01$	$1.45E+04$	$2.57E+02$	$-7.65E+01$	$7.66E-01$	$2.83E+00$
0	2	$0.00E+00$	$1.37E+04$	$4.57E+02$	$-1.37E+04$	$3.00E+01$	$2.15E-02$
1	3	$6.45E-01$	$1.36E+04$	$3.32E+02$	$-1.02E+02$	$3.79E-01$	$2.05E+00$
2	4	$1.27E+00$	$1.34E+04$	$2.84E+02$	$-8.83E+01$	$4.53E-01$	$1.66E+00$
3	5	$1.85E+00$	$1.34E+04$	$2.66E+02$	$-6.85E+01$	$4.35E-01$	$2.20E+00$
4	6	$2.61E+00$	$1.33E+04$	$2.50E+02$	$-7.04E+01$	$5.29E-01$	$2.03E+00$
5	7	$3.47E+00$	$1.32E+04$	$2.28E+02$	$-6.49E+01$	$5.65E-01$	$2.17E+00$
6	8	$4.45E+00$	$1.32E+04$	$2.26E+02$	$-6.99E+01$	$6.82E-01$	$1.82E+00$
7	9	$5.46E+00$	$1.31E+04$	$2.12E+02$	$-5.95E+01$	$6.45E-01$	$2.30E+00$
8	10	$6.66E+00$	$1.30E+04$	$2.68E+02$	$-8.43E+01$	$9.67E-01$	$2.32E+00$
9	11	$8.56E+00$	$1.29E+04$	$2.61E+02$	$-9.51E+01$	$1.15E+00$	$1.64E+00$
10	12	$1.02E+01$	$1.28E+04$	$2.43E+02$	$-7.24E+01$	$9.25E-01$	$2.07E+00$
11	13	$1.19E+01$	$1.28E+04$	$2.36E+02$	$-7.27E+01$	$9.79E-01$	$1.65E+00$
12	14	$1.32E+01$	$1.27E+04$	$2.05E+02$	$-5.18E+01$	$7.42E-01$	$2.08E+00$
13	15	$1.45E+01$	$1.27E+04$	$1.92E+02$	$-5.04E+01$	$7.68E-01$	$1.83E+00$
14	16	$1.57E+01$	$1.26E+04$	$1.92E+02$	$-4.60E+01$	$7.41E-01$	$2.24E+00$

TABLE 10 – Approche 4DInc ; code M1QNW ; mode : SIS ; restart : COLD

k	i_k	$\|x_k\|$	J_k	$\|\nabla J_k\|$	$\nabla J_k^T p_k$	$\|p_k\|$	α_k
0	2	$0.00E+00$	$1.26E+05$	$1.43E+04$	$-1.26E+05$	$8.87E+00$	$1.33E+00$
1	3	$1.18E+01$	$4.23E+04$	$4.12E+03$	$-1.30E+04$	$3.28E+00$	$1.48E+00$
2	4	$1.40E+01$	$3.27E+04$	$2.29E+03$	$-4.53E+03$	$2.29E+00$	$1.75E+00$
3	5	$1.56E+01$	$2.88E+04$	$1.59E+03$	$-2.57E+03$	$2.08E+00$	$1.46E+00$
4	6	$1.68E+01$	$2.69E+04$	$1.16E+03$	$-1.31E+03$	$1.55E+00$	$2.30E+00$
5	7	$1.83E+01$	$2.54E+04$	$9.48E+02$	$-1.21E+03$	$1.91E+00$	$1.64E+00$
6	8	$1.97E+01$	$2.44E+04$	$8.52E+02$	$-8.81E+02$	$1.74E+00$	$1.86E+00$
7	9	$2.12E+01$	$2.36E+04$	$7.46E+02$	$-7.11E+02$	$1.70E+00$	$1.84E+00$
8	10	$2.27E+01$	$2.29E+04$	$6.87E+02$	$-5.99E+02$	$1.67E+00$	$1.67E+00$
9	11	$2.41E+01$	$2.24E+04$	$6.16E+02$	$-4.46E+02$	$1.44E+00$	$2.05E+00$
10	12	$2.57E+01$	$2.20E+04$	$5.92E+02$	$-4.39E+02$	$1.60E+00$	$1.89E+00$
11	13	$2.73E+01$	$2.15E+04$	$4.95E+02$	$-3.41E+02$	$1.42E+00$	$2.33E+00$
12	14	$2.92E+01$	$2.11E+04$	$4.80E+02$	$-3.87E+02$	$1.80E+00$	$1.70E+00$
13	15	$3.09E+01$	$2.08E+04$	$4.93E+02$	$-3.37E+02$	$1.71E+00$	$1.65E+00$
14	16	$3.25E+01$	$2.05E+04$	$3.83E+02$	$-2.09E+02$	$1.19E+00$	$2.14E+00$
0	2	$0.00E+00$	$1.85E+04$	$1.21E+03$	$-1.99E+03$	$2.19E+00$	$1.02E+00$
1	3	$2.24E+00$	$1.74E+04$	$6.93E+02$	$-5.08E+02$	$9.95E-01$	$1.91E+00$
2	4	$3.25E+00$	$1.70E+04$	$5.73E+02$	$-4.22E+02$	$1.51E+00$	$2.29E+00$
3	5	$5.48E+00$	$1.65E+04$	$5.37E+02$	$-4.65E+02$	$1.60E+00$	$1.53E+00$
4	6	$7.45E+00$	$1.61E+04$	$4.99E+02$	$-3.39E+02$	$1.26E+00$	$2.00E+00$
5	7	$9.40E+00$	$1.58E+04$	$4.66E+02$	$-3.16E+02$	$1.49E+00$	$1.84E+00$
6	8	$1.17E+01$	$1.55E+04$	$4.37E+02$	$-2.72E+02$	$1.43E+00$	$1.97E+00$
7	9	$1.40E+01$	$1.52E+04$	$3.91E+02$	$-2.38E+02$	$1.41E+00$	$1.65E+00$
8	10	$1.57E+01$	$1.50E+04$	$3.91E+02$	$-2.00E+02$	$1.25E+00$	$1.86E+00$
9	11	$1.75E+01$	$1.48E+04$	$3.41E+02$	$-1.61E+02$	$1.15E+00$	$1.99E+00$
10	12	$1.93E+01$	$1.47E+04$	$3.12E+02$	$-1.51E+02$	$1.23E+00$	$1.66E+00$
11	13	$2.08E+01$	$1.46E+04$	$2.89E+02$	$-1.13E+02$	$9.77E-01$	$2.09E+00$
12	14	$2.23E+01$	$1.44E+04$	$2.81E+02$	$-1.15E+02$	$1.05E+00$	$1.42E+00$
13	15	$2.33E+01$	$1.44E+04$	$2.52E+02$	$-7.32E+01$	$7.46E-01$	$2.08E+00$
14	16	$2.42E+01$	$1.43E+04$	$2.27E+02$	$-7.35E+01$	$8.86E-01$	$2.00E+00$
0	2	$0.00E+00$	$1.35E+04$	$4.42E+02$	$-5.86E+02$	$6.18E+00$	$1.05E+00$
1	3	$6.49E+00$	$1.32E+04$	$2.84E+02$	$-2.39E+02$	$1.96E+00$	$8.30E-01$
2	4	$7.84E+00$	$1.31E+04$	$3.15E+02$	$-1.21E+02$	$9.53E-01$	$2.06E+00$
3	5	$7.88E+00$	$1.30E+04$	$2.51E+02$	$-9.76E+01$	$8.53E-01$	$2.05E+00$
4	6	$9.23E+00$	$1.29E+04$	$2.53E+02$	$-1.01E+02$	$1.07E+00$	$1.61E+00$
5	7	$1.07E+01$	$1.28E+04$	$2.66E+02$	$-8.69E+01$	$9.27E-01$	$1.76E+00$
6	8	$1.20E+01$	$1.27E+04$	$2.31E+02$	$-6.70E+01$	$7.64E-01$	$2.05E+00$
7	9	$1.31E+01$	$1.27E+04$	$2.26E+02$	$-6.70E+01$	$9.09E-01$	$1.99E+00$
8	10	$1.47E+01$	$1.26E+04$	$2.02E+02$	$-5.98E+01$	$7.81E-01$	$2.04E+00$
9	11	$1.59E+01$	$1.26E+04$	$2.03E+02$	$-6.29E+01$	$8.88E-01$	$1.47E+00$
10	12	$1.68E+01$	$1.25E+04$	$1.81E+02$	$-4.08E+01$	$6.78E-01$	$2.11E+00$
11	13	$1.80E+01$	$1.25E+04$	$1.73E+02$	$-4.10E+01$	$6.45E-01$	$1.78E+00$
12	14	$1.87E+01$	$1.24E+04$	$1.71E+02$	$-3.59E+01$	$5.84E-01$	$1.97E+00$
13	15	$1.93E+01$	$1.24E+04$	$1.57E+02$	$-3.22E+01$	$6.08E-01$	$1.97E+00$
14	16	$2.02E+01$	$1.24E+04$	$1.56E+02$	$-3.20E+01$	$6.76E-01$	$1.99E+00$

TABLE 11 – Approche 4DInc ; code M1QNW ; mode : SIS ; restart : WARM

k	i_k	$\|x_k\|$	J_k	$\|\nabla J_k\|$	$\nabla J_k^T p_k$	$\|p_k\|$	α_k
0	2	$0.00E+00$	$1.26E+05$	$1.43E+04$	$-1.26E+05$	$8.87E+00$	$1.33E+00$
1	3	$1.18E+01$	$4.23E+04$	$4.12E+03$	$-1.30E+04$	$3.28E+00$	$1.48E+00$
2	4	$1.40E+01$	$3.27E+04$	$2.29E+03$	$-4.53E+03$	$2.29E+00$	$1.75E+00$
3	5	$1.56E+01$	$2.88E+04$	$1.59E+03$	$-2.57E+03$	$2.08E+00$	$1.46E+00$
4	6	$1.68E+01$	$2.69E+04$	$1.16E+03$	$-1.31E+03$	$1.55E+00$	$2.30E+00$
5	7	$1.83E+01$	$2.54E+04$	$9.48E+02$	$-1.20E+03$	$1.91E+00$	$1.64E+00$
6	8	$1.97E+01$	$2.44E+04$	$8.51E+02$	$-8.82E+02$	$1.74E+00$	$1.86E+00$
7	9	$2.12E+01$	$2.36E+04$	$7.45E+02$	$-7.11E+02$	$1.69E+00$	$1.84E+00$
8	10	$2.27E+01$	$2.29E+04$	$6.85E+02$	$-5.99E+02$	$1.68E+00$	$1.67E+00$
9	11	$2.42E+01$	$2.24E+04$	$6.16E+02$	$-4.47E+02$	$1.44E+00$	$2.05E+00$
10	12	$2.57E+01$	$2.19E+04$	$5.92E+02$	$-4.40E+02$	$1.60E+00$	$1.89E+00$
11	13	$2.73E+01$	$2.15E+04$	$4.95E+02$	$-3.41E+02$	$1.42E+00$	$2.34E+00$
12	14	$2.92E+01$	$2.11E+04$	$4.80E+02$	$-3.87E+02$	$1.80E+00$	$1.70E+00$
13	15	$3.09E+01$	$2.08E+04$	$4.93E+02$	$-3.37E+02$	$1.72E+00$	$1.63E+00$
14	16	$3.25E+01$	$2.05E+04$	$3.83E+02$	$-2.07E+02$	$1.19E+00$	$2.14E+00$
0	2	$0.00E+00$	$1.85E+04$	$1.22E+03$	$-1.85E+04$	$1.52E+01$	$8.85E-02$
1	3	$1.34E+00$	$1.76E+04$	$8.04E+02$	$-4.95E+02$	$7.38E-01$	$2.26E+00$
2	4	$2.66E+00$	$1.71E+04$	$6.03E+02$	$-4.04E+02$	$9.01E-01$	$1.99E+00$
3	5	$4.01E+00$	$1.67E+04$	$5.45E+02$	$-3.62E+02$	$1.04E+00$	$1.98E+00$
4	6	$5.58E+00$	$1.63E+04$	$5.12E+02$	$-3.35E+02$	$1.17E+00$	$2.07E+00$
5	7	$7.47E+00$	$1.60E+04$	$4.68E+02$	$-3.16E+02$	$1.29E+00$	$1.73E+00$
6	8	$9.21E+00$	$1.57E+04$	$4.50E+02$	$-2.62E+02$	$1.22E+00$	$1.66E+00$
7	9	$1.08E+01$	$1.55E+04$	$4.11E+02$	$-1.98E+02$	$1.04E+00$	$2.07E+00$
8	10	$1.24E+01$	$1.53E+04$	$3.98E+02$	$-1.99E+02$	$1.16E+00$	$1.95E+00$
9	11	$1.41E+01$	$1.51E+04$	$3.56E+02$	$-1.72E+02$	$1.11E+00$	$1.79E+00$
10	12	$1.56E+01$	$1.49E+04$	$3.27E+02$	$-1.40E+02$	$1.00E+00$	$2.12E+00$
11	13	$1.71E+01$	$1.48E+04$	$3.10E+02$	$-1.41E+02$	$1.10E+00$	$1.59E+00$
12	14	$1.84E+01$	$1.47E+04$	$3.07E+02$	$-1.11E+02$	$9.46E-01$	$2.12E+00$
13	15	$1.98E+01$	$1.46E+04$	$2.84E+02$	$-1.09E+02$	$1.00E+00$	$1.61E+00$
14	16	$2.10E+01$	$1.45E+04$	$2.54E+02$	$-7.77E+01$	$7.78E-01$	$2.81E+00$
0	2	$0.00E+00$	$1.37E+04$	$4.57E+02$	$-1.37E+04$	$3.00E+01$	$2.17E-02$
1	3	$6.50E-01$	$1.35E+04$	$3.30E+02$	$-1.02E+02$	$3.81E-01$	$2.04E+00$
2	4	$1.27E+00$	$1.34E+04$	$2.86E+02$	$-8.90E+01$	$4.55E-01$	$1.64E+00$
3	5	$1.85E+00$	$1.34E+04$	$2.66E+02$	$-7.09E+01$	$4.28E-01$	$2.27E+00$
4	6	$2.62E+00$	$1.33E+04$	$2.47E+02$	$-7.09E+01$	$5.34E-01$	$2.03E+00$
5	7	$3.49E+00$	$1.32E+04$	$2.28E+02$	$-6.62E+01$	$5.77E-01$	$2.12E+00$
6	8	$4.47E+00$	$1.32E+04$	$2.27E+02$	$-7.00E+01$	$6.84E-01$	$1.79E+00$
7	9	$5.46E+00$	$1.31E+04$	$2.13E+02$	$-5.88E+01$	$6.37E-01$	$2.33E+00$
8	10	$6.66E+00$	$1.30E+04$	$2.68E+02$	$-8.40E+01$	$9.63E-01$	$2.33E+00$
9	11	$8.57E+00$	$1.29E+04$	$2.60E+02$	$-9.48E+01$	$1.15E+00$	$1.65E+00$
10	12	$1.02E+01$	$1.28E+04$	$2.43E+02$	$-7.27E+01$	$9.29E-01$	$2.06E+00$
11	13	$1.19E+01$	$1.28E+04$	$2.36E+02$	$-7.27E+01$	$9.78E-01$	$1.66E+00$
12	14	$1.33E+01$	$1.27E+04$	$2.04E+02$	$-5.16E+01$	$7.39E-01$	$2.11E+00$
13	15	$1.46E+01$	$1.27E+04$	$1.91E+02$	$-5.07E+01$	$7.73E-01$	$1.85E+00$
14	16	$1.57E+01$	$1.26E+04$	$1.91E+02$	$-4.70E+01$	$7.57E-01$	$2.22E+00$

TABLE 12 – Approche 4DInc ; code M1QNW ; mode : DIS ; restart : COLD

k	i_k	$\|x_k\|$	J_k	$\|\nabla J_k\|$	$\nabla J_k^T p_k$	$\|p_k\|$	α_k
0	2	$0.00E+00$	$1.26E+05$	$1.43E+04$	$-1.26E+05$	$8.87E+00$	$1.33E+00$
1	3	$1.18E+01$	$4.23E+04$	$4.12E+03$	$-1.30E+04$	$3.28E+00$	$1.48E+00$
2	4	$1.40E+01$	$3.27E+04$	$2.29E+03$	$-4.53E+03$	$2.29E+00$	$1.75E+00$
3	5	$1.56E+01$	$2.88E+04$	$1.59E+03$	$-2.57E+03$	$2.08E+00$	$1.46E+00$
4	6	$1.68E+01$	$2.69E+04$	$1.16E+03$	$-1.31E+03$	$1.55E+00$	$2.30E+00$
5	7	$1.83E+01$	$2.54E+04$	$9.48E+02$	$-1.20E+03$	$1.91E+00$	$1.64E+00$
6	8	$1.97E+01$	$2.44E+04$	$8.51E+02$	$-8.82E+02$	$1.74E+00$	$1.86E+00$
7	9	$2.12E+01$	$2.36E+04$	$7.45E+02$	$-7.11E+02$	$1.69E+00$	$1.84E+00$
8	10	$2.27E+01$	$2.29E+04$	$6.85E+02$	$-5.99E+02$	$1.68E+00$	$1.67E+00$
9	11	$2.42E+01$	$2.24E+04$	$6.16E+02$	$-4.47E+02$	$1.44E+00$	$2.05E+00$
10	12	$2.57E+01$	$2.19E+04$	$5.92E+02$	$-4.40E+02$	$1.60E+00$	$1.89E+00$
11	13	$2.73E+01$	$2.15E+04$	$4.95E+02$	$-3.41E+02$	$1.42E+00$	$2.34E+00$
12	14	$2.92E+01$	$2.11E+04$	$4.80E+02$	$-3.87E+02$	$1.80E+00$	$1.70E+00$
13	15	$3.09E+01$	$2.08E+04$	$4.93E+02$	$-3.37E+02$	$1.72E+00$	$1.63E+00$
14	16	$3.25E+01$	$2.05E+04$	$3.83E+02$	$-2.07E+02$	$1.19E+00$	$2.14E+00$
0	2	$0.00E+00$	$1.85E+04$	$1.22E+03$	$-2.00E+03$	$2.18E+00$	$1.02E+00$
1	3	$2.22E+00$	$1.74E+04$	$6.96E+02$	$-5.07E+02$	$9.70E-01$	$1.91E+00$
2	4	$3.23E+00$	$1.70E+04$	$5.71E+02$	$-4.21E+02$	$1.52E+00$	$2.32E+00$
3	5	$5.48E+00$	$1.65E+04$	$5.34E+02$	$-4.70E+02$	$1.62E+00$	$1.51E+00$
4	6	$7.46E+00$	$1.61E+04$	$5.02E+02$	$-3.42E+02$	$1.27E+00$	$1.99E+00$
5	7	$9.42E+00$	$1.58E+04$	$4.67E+02$	$-3.15E+02$	$1.47E+00$	$1.84E+00$
6	8	$1.16E+01$	$1.55E+04$	$4.39E+02$	$-2.73E+02$	$1.44E+00$	$1.95E+00$
7	9	$1.39E+01$	$1.52E+04$	$3.96E+02$	$-2.38E+02$	$1.40E+00$	$1.59E+00$
8	10	$1.57E+01$	$1.50E+04$	$3.93E+02$	$-1.91E+02$	$1.19E+00$	$2.02E+00$
9	11	$1.75E+01$	$1.48E+04$	$3.40E+02$	$-1.63E+02$	$1.17E+00$	$1.97E+00$
10	12	$1.92E+01$	$1.47E+04$	$3.16E+02$	$-1.54E+02$	$1.25E+00$	$1.58E+00$
11	13	$2.07E+01$	$1.46E+04$	$2.95E+02$	$-1.11E+02$	$9.50E-01$	$2.02E+00$
12	14	$2.21E+01$	$1.44E+04$	$2.94E+02$	$-1.11E+02$	$1.02E+00$	$1.54E+00$
13	15	$2.32E+01$	$1.44E+04$	$2.44E+02$	$-7.13E+01$	$7.18E-01$	$2.26E+00$
14	16	$2.42E+01$	$1.43E+04$	$2.31E+02$	$-8.00E+01$	$9.34E-01$	$1.75E+00$
0	2	$0.00E+00$	$1.35E+04$	$4.33E+02$	$-5.65E+02$	$6.13E+00$	$1.06E+00$
1	3	$6.51E+00$	$1.32E+04$	$2.81E+02$	$-2.53E+02$	$1.97E+00$	$8.03E-01$
2	4	$7.77E+00$	$1.31E+04$	$3.28E+02$	$-1.27E+02$	$9.96E-01$	$1.92E+00$
3	5	$7.89E+00$	$1.30E+04$	$2.51E+02$	$-9.24E+01$	$7.86E-01$	$2.22E+00$
4	6	$9.25E+00$	$1.29E+04$	$2.49E+02$	$-9.95E+01$	$1.03E+00$	$1.70E+00$
5	7	$1.07E+01$	$1.28E+04$	$2.71E+02$	$-9.33E+01$	$9.74E-01$	$1.63E+00$
6	8	$1.20E+01$	$1.28E+04$	$2.33E+02$	$-6.54E+01$	$7.53E-01$	$2.16E+00$
7	9	$1.32E+01$	$1.27E+04$	$2.28E+02$	$-6.82E+01$	$9.24E-01$	$1.88E+00$
8	10	$1.47E+01$	$1.26E+04$	$2.06E+02$	$-5.83E+01$	$7.40E-01$	$2.14E+00$
9	11	$1.58E+01$	$1.26E+04$	$1.98E+02$	$-6.22E+01$	$8.94E-01$	$1.50E+00$
10	12	$1.68E+01$	$1.25E+04$	$1.81E+02$	$-4.23E+01$	$7.37E-01$	$2.07E+00$
11	13	$1.81E+01$	$1.25E+04$	$1.71E+02$	$-4.22E+01$	$6.47E-01$	$1.73E+00$
12	14	$1.87E+01$	$1.24E+04$	$1.71E+02$	$-3.62E+01$	$5.92E-01$	$1.95E+00$
13	15	$1.93E+01$	$1.24E+04$	$1.51E+02$	$-3.11E+01$	$5.98E-01$	$2.13E+00$
14	16	$2.03E+01$	$1.24E+04$	$1.57E+02$	$-3.46E+01$	$7.25E-01$	$1.87E+00$

TABLE 13 – Approche 4DInc ; code M1QNW ; mode : DIS ; restart : WARM

k	i_k	$\|x_k\|$	J_k	$\|\nabla J_k\|$	$\nabla J_k^T p_k$	$\|p_k\|$	α_k
0	3	$0.00E+00$	$1.26E+05$	$1.43E+04$	$-2.03E+08$	$1.43E+04$	$3.51E-04$
1	4	$5.00E+00$	$7.02E+04$	$8.39E+03$	$-6.88E+04$	$8.32E+00$	$1.00E+00$
2	5	$1.31E+01$	$3.37E+04$	$2.04E+03$	$-4.25E+03$	$2.20E+00$	$1.00E+00$
3	6	$1.43E+01$	$3.05E+04$	$1.48E+03$	$-6.92E+03$	$5.16E+00$	$1.00E+00$
4	7	$1.72E+01$	$2.73E+04$	$1.49E+03$	$-3.03E+03$	$2.78E+00$	$1.00E+00$
5	8	$1.81E+01$	$2.60E+04$	$1.25E+03$	$-8.63E+02$	$8.49E-01$	$1.00E+00$
6	9	$1.81E+01$	$2.53E+04$	$7.76E+02$	$-1.68E+03$	$2.95E+00$	$1.00E+00$
7	10	$1.91E+01$	$2.42E+04$	$5.91E+02$	$-7.43E+02$	$2.24E+00$	$1.00E+00$
8	11	$2.03E+01$	$2.36E+04$	$6.02E+02$	$-1.97E+03$	$6.24E+00$	$1.00E+00$
9	12	$2.40E+01$	$2.30E+04$	$1.41E+03$	$-1.59E+03$	$2.47E+00$	$1.00E+00$
10	13	$2.56E+01$	$2.22E+04$	$4.67E+02$	$-2.74E+02$	$8.08E-01$	$1.00E+00$
11	14	$2.52E+01$	$2.20E+04$	$3.63E+02$	$-6.69E+02$	$2.49E+00$	$1.00E+00$
12	15	$2.60E+01$	$2.16E+04$	$3.93E+02$	$-8.24E+02$	$4.62E+00$	$1.00E+00$
13	16	$2.87E+01$	$2.14E+04$	$9.95E+02$	$-5.88E+02$	$1.07E+00$	$1.00E+00$
14	17	$2.93E+01$	$2.10E+04$	$3.87E+02$	$-2.73E+02$	$1.58E+00$	$1.00E+00$
0	2	$0.00E+00$	$1.86E+04$	$1.29E+03$	$-1.66E+06$	$1.29E+03$	$7.76E-04$
1	3	$1.00E+00$	$1.79E+04$	$6.82E+02$	$-5.18E+02$	$8.32E-01$	$1.00E+00$
2	4	$1.71E+00$	$1.75E+04$	$5.35E+02$	$-8.14E+02$	$1.83E+00$	$1.00E+00$
3	5	$3.32E+00$	$1.69E+04$	$4.81E+02$	$-7.54E+02$	$2.43E+00$	$1.00E+00$
4	6	$5.40E+00$	$1.66E+04$	$7.19E+02$	$-4.66E+02$	$1.33E+00$	$1.00E+00$
5	7	$6.45E+00$	$1.63E+04$	$3.87E+02$	$-3.94E+02$	$1.70E+00$	$1.00E+00$
6	8	$7.75E+00$	$1.60E+04$	$3.22E+02$	$-2.94E+02$	$1.82E+00$	$1.00E+00$
7	9	$9.19E+00$	$1.58E+04$	$3.80E+02$	$-5.75E+02$	$3.82E+00$	$1.00E+00$
8	10	$1.24E+01$	$1.56E+04$	$6.46E+02$	$-3.55E+02$	$9.70E-01$	$1.00E+00$
9	11	$1.30E+01$	$1.54E+04$	$2.79E+02$	$-1.67E+02$	$8.42E-01$	$1.00E+00$
10	12	$1.34E+01$	$1.52E+04$	$2.57E+02$	$-1.91E+02$	$1.56E+00$	$1.00E+00$
11	13	$1.44E+01$	$1.51E+04$	$2.87E+02$	$-3.68E+02$	$3.40E+00$	$1.00E+00$
12	14	$1.71E+01$	$1.50E+04$	$6.23E+02$	$-2.90E+02$	$1.63E+00$	$1.00E+00$
13	15	$1.84E+01$	$1.48E+04$	$2.47E+02$	$-1.18E+02$	$9.91E-01$	$1.00E+00$
14	16	$1.92E+01$	$1.47E+04$	$1.92E+02$	$-1.36E+02$	$1.62E+00$	$1.00E+00$
0	2	$0.00E+00$	$1.38E+04$	$5.64E+02$	$-3.18E+05$	$5.64E+02$	$1.77E-03$
1	3	$1.00E+00$	$1.37E+04$	$6.43E+02$	$-2.28E+02$	$3.59E-01$	$1.00E+00$
2	4	$7.94E-01$	$1.36E+04$	$2.30E+02$	$-6.26E+01$	$2.79E-01$	$1.00E+00$
3	5	$9.60E-01$	$1.35E+04$	$1.72E+02$	$-1.14E+02$	$7.33E-01$	$1.00E+00$
4	6	$1.61E+00$	$1.35E+04$	$2.16E+02$	$-1.15E+02$	$9.73E-01$	$1.00E+00$
5	7	$2.47E+00$	$1.34E+04$	$2.56E+02$	$-1.95E+02$	$1.94E+00$	$1.00E+00$
6	8	$4.29E+00$	$1.33E+04$	$3.89E+02$	$-1.13E+02$	$3.45E-01$	$1.00E+00$
7	9	$4.34E+00$	$1.33E+04$	$1.52E+02$	$-5.19E+01$	$4.18E-01$	$1.00E+00$
8	10	$4.50E+00$	$1.32E+04$	$1.71E+02$	$-7.10E+01$	$9.01E-01$	$1.00E+00$
9	11	$5.16E+00$	$1.32E+04$	$2.13E+02$	$-1.53E+02$	$2.21E+00$	$1.00E+00$
10	12	$7.06E+00$	$1.30E+04$	$2.44E+02$	$-2.90E+02$	$4.71E+00$	$1.00E+00$
11	13	$1.14E+01$	$1.30E+04$	$7.12E+02$	$-3.22E+02$	$1.17E+00$	$1.00E+00$
12	14	$1.24E+01$	$1.28E+04$	$1.93E+02$	$-6.54E+01$	$5.13E-01$	$1.00E+00$
13	15	$1.27E+01$	$1.28E+04$	$1.23E+02$	$-7.57E+01$	$1.46E+00$	$1.00E+00$
14	16	$1.40E+01$	$1.27E+04$	$1.41E+02$	$-7.99E+01$	$1.71E+00$	$1.00E+00$

TABLE 14 – Formulation : 4DInc ; code : LBFGS

Résultats expérimentaux avec l'approche 3DFGAT

Les en-têtes des colonnes des tableaux comprennent les éléments suivants :

k l'itération en cours

$\tilde{i}_k$ cumule du nombre d'appel au calcul de la fonction coût et de son gradient

$||x_k||$ norme de l'itéré en cours

J_k valeur de la fonction à l'itéré en cours

$||\nabla J_k||$ norme du gradient de la fonction coût à l'itération en cours

p_k direction de recherche à l'itération en cours

$||p_k||$ norme de la direction de recherche à l'itération en cours

$||\nabla J_k p_k||$ dérivée de la fonction coût dans la direction p_k à l'itération courante

α_k longueur du pas sélectionné à l'itération k

k	$\tilde{i}_k$	$\|x_k\|$	J_k	$\|\nabla J_k\|$	$\nabla J_k^T p_k$	$\|p_k\|$	α_k
0	2	$0.00E+00$	$3.64E+04$	$4.03E+03$	$-3.64E+04$	$9.02E+00$	$1.00E+00$
1	3	$9.02E+00$	$1.30E+04$	$1.50E+03$	$-9.30E+03$	$6.19E+00$	$1.00E+00$
2	4	$1.44E+01$	$7.70E+03$	$6.48E+02$	$-2.10E+03$	$3.51E+00$	$1.00E+00$
3	5	$1.65E+01$	$6.34E+03$	$4.36E+02$	$-1.38E+03$	$3.81E+00$	$1.00E+00$
4	6	$1.83E+01$	$5.63E+03$	$3.09E+02$	$-4.41E+02$	$1.89E+00$	$1.00E+00$
5	7	$1.88E+01$	$5.35E+03$	$2.04E+02$	$-2.72E+02$	$1.83E+00$	$1.00E+00$
6	8	$1.93E+01$	$5.16E+03$	$1.71E+02$	$-3.22E+02$	$2.92E+00$	$1.00E+00$
7	9	$2.03E+01$	$4.96E+03$	$1.78E+02$	$-3.07E+02$	$3.29E+00$	$1.00E+00$
8	10	$2.19E+01$	$4.82E+03$	$2.13E+02$	$-1.52E+02$	$1.25E+00$	$1.00E+00$
9	11	$2.24E+01$	$4.72E+03$	$1.19E+02$	$-1.28E+02$	$1.68E+00$	$1.00E+00$
10	12	$2.30E+01$	$4.63E+03$	$1.03E+02$	$-1.00E+02$	$1.98E+00$	$1.00E+00$
11	13	$2.39E+01$	$4.56E+03$	$1.22E+02$	$-1.63E+02$	$3.54E+00$	$1.00E+00$
12	14	$2.57E+01$	$4.50E+03$	$1.63E+02$	$-8.25E+01$	$7.24E-01$	$1.00E+00$
13	15	$2.59E+01$	$4.45E+03$	$7.54E+01$	$-4.14E+01$	$7.27E-01$	$1.00E+00$
14	16	$2.61E+01$	$4.42E+03$	$7.10E+01$	$-4.78E+01$	$1.37E+00$	$1.00E+00$
0	3	$0.00E+00$	$8.79E+03$	$8.74E+02$	$-8.79E+03$	$1.01E+01$	$4.59E-01$
1	4	$4.61E+00$	$6.77E+03$	$5.56E+02$	$-1.16E+03$	$2.48E+00$	$1.00E+00$
2	5	$6.30E+00$	$6.05E+03$	$3.04E+02$	$-5.52E+02$	$2.19E+00$	$1.00E+00$
3	6	$7.89E+00$	$5.67E+03$	$2.33E+02$	$-5.52E+02$	$3.16E+00$	$1.00E+00$
4	7	$1.02E+01$	$5.37E+03$	$2.40E+02$	$-3.62E+02$	$2.50E+00$	$1.00E+00$
5	8	$1.18E+01$	$5.17E+03$	$1.95E+02$	$-1.67E+02$	$1.37E+00$	$1.00E+00$
6	9	$1.25E+01$	$5.05E+03$	$1.40E+02$	$-2.15E+02$	$2.42E+00$	$1.00E+00$
7	10	$1.37E+01$	$4.92E+03$	$1.34E+02$	$-1.73E+02$	$2.55E+00$	$1.00E+00$
8	11	$1.54E+01$	$4.82E+03$	$1.73E+02$	$-1.25E+02$	$1.85E+00$	$1.00E+00$
9	12	$1.66E+01$	$4.74E+03$	$1.06E+02$	$-1.10E+02$	$1.95E+00$	$1.00E+00$
10	13	$1.79E+01$	$4.67E+03$	$8.75E+01$	$-7.36E+01$	$1.68E+00$	$1.00E+00$
11	14	$1.89E+01$	$4.62E+03$	$9.75E+01$	$-7.81E+01$	$1.98E+00$	$1.00E+00$
12	15	$2.00E+01$	$4.57E+03$	$8.83E+01$	$-6.11E+01$	$1.56E+00$	$1.00E+00$
13	16	$2.08E+01$	$4.54E+03$	$8.29E+01$	$-3.88E+01$	$9.48E-01$	$1.00E+00$
14	17	$2.12E+01$	$4.51E+03$	$6.35E+01$	$-3.96E+01$	$1.23E+00$	$1.00E+00$
0	3	$0.00E+00$	$7.05E+03$	$6.82E+02$	$-7.05E+03$	$1.03E+01$	$2.90E-01$
1	4	$3.00E+00$	$6.03E+03$	$4.42E+02$	$-6.05E+02$	$1.63E+00$	$1.00E+00$
2	5	$4.12E+00$	$5.58E+03$	$2.79E+02$	$-6.96E+02$	$2.93E+00$	$1.00E+00$
3	6	$6.54E+00$	$5.15E+03$	$2.01E+02$	$-4.10E+02$	$2.75E+00$	$1.00E+00$
4	7	$8.69E+00$	$4.92E+03$	$2.43E+02$	$-3.22E+02$	$2.52E+00$	$1.00E+00$
5	8	$1.06E+01$	$4.74E+03$	$1.55E+02$	$-1.52E+02$	$1.54E+00$	$1.00E+00$
6	9	$1.15E+01$	$4.63E+03$	$1.22E+02$	$-1.94E+02$	$2.55E+00$	$1.00E+00$
7	10	$1.30E+01$	$4.52E+03$	$1.26E+02$	$-1.52E+02$	$2.31E+00$	$1.00E+00$
8	11	$1.45E+01$	$4.46E+03$	$1.72E+02$	$-7.48E+01$	$6.12E-01$	$1.00E+00$
9	12	$1.47E+01$	$4.40E+03$	$8.76E+01$	$-6.88E+01$	$1.19E+00$	$1.00E+00$
10	13	$1.53E+01$	$4.36E+03$	$7.36E+01$	$-4.75E+01$	$1.34E+00$	$1.00E+00$
11	14	$1.61E+01$	$4.32E+03$	$8.09E+01$	$-1.13E+02$	$3.30E+00$	$1.00E+00$
12	15	$1.82E+01$	$4.31E+03$	$2.23E+02$	$-1.04E+02$	$5.22E-01$	$1.00E+00$
13	16	$1.83E+01$	$4.25E+03$	$5.88E+01$	$-1.55E+01$	$2.96E-01$	$1.00E+00$

TABLE 15 – Formulation 3DFGAT ; code M1QN3 ; mode : SIS ; restart COLD

k	i_k	$\|x_k\|$	J_k	$\|\nabla J_k\|$	$\nabla J_k^T p_k$	$\|p_k\|$	α_k
0	2	$0.00E+00$	$3.64E+04$	$4.03E+03$	$-3.64E+04$	$9.02E+00$	$1.00E+00$
1	3	$9.02E+00$	$1.30E+04$	$1.50E+03$	$-9.30E+03$	$6.19E+00$	$1.00E+00$
2	4	$1.44E+01$	$7.70E+03$	$6.48E+02$	$-2.10E+03$	$3.51E+00$	$1.00E+00$
3	5	$1.65E+01$	$6.34E+03$	$4.36E+02$	$-1.38E+03$	$3.81E+00$	$1.00E+00$
4	6	$1.83E+01$	$5.63E+03$	$3.09E+02$	$-4.41E+02$	$1.89E+00$	$1.00E+00$
5	7	$1.88E+01$	$5.35E+03$	$2.04E+02$	$-2.72E+02$	$1.83E+00$	$1.00E+00$
6	8	$1.93E+01$	$5.16E+03$	$1.71E+02$	$-3.22E+02$	$2.92E+00$	$1.00E+00$
7	9	$2.03E+01$	$4.96E+03$	$1.78E+02$	$-3.07E+02$	$3.29E+00$	$1.00E+00$
8	10	$2.19E+01$	$4.82E+03$	$2.13E+02$	$-1.52E+02$	$1.25E+00$	$1.00E+00$
9	11	$2.24E+01$	$4.72E+03$	$1.19E+02$	$-1.28E+02$	$1.68E+00$	$1.00E+00$
10	12	$2.30E+01$	$4.63E+03$	$1.03E+02$	$-1.00E+02$	$1.98E+00$	$1.00E+00$
11	13	$2.39E+01$	$4.56E+03$	$1.22E+02$	$-1.63E+02$	$3.54E+00$	$1.00E+00$
12	14	$2.57E+01$	$4.50E+03$	$1.63E+02$	$-8.25E+01$	$7.24E-01$	$1.00E+00$
13	15	$2.59E+01$	$4.45E+03$	$7.54E+01$	$-4.14E+01$	$7.27E-01$	$1.00E+00$
14	16	$2.61E+01$	$4.42E+03$	$7.10E+01$	$-4.78E+01$	$1.37E+00$	$1.00E+00$
0	3	$0.00E+00$	$8.79E+03$	$8.74E+02$	$-1.12E+04$	$1.35E+01$	$3.85E-01$
1	4	$5.19E+00$	$6.63E+03$	$5.22E+02$	$-1.18E+03$	$2.75E+00$	$1.00E+00$
2	5	$6.95E+00$	$5.93E+03$	$2.87E+02$	$-4.60E+02$	$2.01E+00$	$1.00E+00$
3	6	$8.22E+00$	$5.60E+03$	$2.11E+02$	$-5.59E+02$	$3.63E+00$	$1.00E+00$
4	7	$1.07E+01$	$5.30E+03$	$2.29E+02$	$-3.74E+02$	$2.78E+00$	$1.00E+00$
5	8	$1.25E+01$	$5.15E+03$	$2.43E+02$	$-1.55E+02$	$8.94E-01$	$1.00E+00$
6	9	$1.27E+01$	$5.03E+03$	$1.39E+02$	$-1.97E+02$	$2.06E+00$	$1.00E+00$
7	10	$1.37E+01$	$4.90E+03$	$1.18E+02$	$-1.12E+02$	$1.89E+00$	$1.00E+00$
8	11	$1.49E+01$	$4.81E+03$	$1.23E+02$	$-2.79E+02$	$4.86E+00$	$1.00E+00$
9	12	$1.82E+01$	$4.77E+03$	$3.01E+02$	$-2.30E+02$	$8.98E-01$	$1.00E+00$
10	13	$1.86E+01$	$4.65E+03$	$8.03E+01$	$-3.18E+01$	$4.67E-01$	$1.00E+00$
11	14	$1.85E+01$	$4.62E+03$	$6.36E+01$	$-6.82E+01$	$1.52E+00$	$1.00E+00$
12	15	$1.91E+01$	$4.57E+03$	$7.59E+01$	$-8.69E+01$	$2.59E+00$	$1.00E+00$
13	16	$2.07E+01$	$4.55E+03$	$1.61E+02$	$-5.78E+01$	$8.38E-01$	$1.00E+00$
14	17	$2.12E+01$	$4.51E+03$	$6.66E+01$	$-3.05E+01$	$9.95E-01$	$1.00E+00$
0	2	$0.00E+00$	$7.05E+03$	$6.77E+02$	$-2.12E+03$	$3.35E+00$	$1.00E+00$
1	3	$3.35E+00$	$5.96E+03$	$4.14E+02$	$-6.14E+02$	$1.83E+00$	$1.00E+00$
2	4	$4.67E+00$	$5.54E+03$	$2.65E+02$	$-5.55E+02$	$2.53E+00$	$1.00E+00$
3	5	$6.62E+00$	$5.17E+03$	$2.01E+02$	$-4.78E+02$	$3.24E+00$	$1.00E+00$
4	6	$9.09E+00$	$4.90E+03$	$2.37E+02$	$-3.72E+02$	$2.94E+00$	$1.00E+00$
5	7	$1.12E+01$	$4.72E+03$	$1.89E+02$	$-1.38E+02$	$1.08E+00$	$1.00E+00$
6	8	$1.16E+01$	$4.62E+03$	$1.20E+02$	$-1.65E+02$	$2.03E+00$	$1.00E+00$
7	9	$1.26E+01$	$4.51E+03$	$1.00E+02$	$-1.12E+02$	$2.07E+00$	$1.00E+00$
8	10	$1.40E+01$	$4.45E+03$	$1.46E+02$	$-1.00E+02$	$1.88E+00$	$1.00E+00$
9	11	$1.53E+01$	$4.39E+03$	$8.93E+01$	$-6.15E+01$	$1.27E+00$	$1.00E+00$
10	12	$1.61E+01$	$4.35E+03$	$7.19E+01$	$-6.54E+01$	$1.66E+00$	$1.00E+00$
11	13	$1.70E+01$	$4.30E+03$	$7.92E+01$	$-6.89E+01$	$2.01E+00$	$1.00E+00$
12	14	$1.81E+01$	$4.27E+03$	$9.65E+01$	$-4.20E+01$	$1.03E+00$	$1.00E+00$
13	15	$1.86E+01$	$4.24E+03$	$5.71E+01$	$-3.31E+01$	$1.04E+00$	$1.00E+00$
14	16	$1.91E+01$	$4.22E+03$	$5.13E+01$	$-2.56E+01$	$1.11E+00$	$1.00E+00$

TABLE 16 – Formulation : 3DFGAT ; code : M1QN3 ; mode : SIS ; restart : WARM ;

k	i_k	$\|x_k\|$	J_k	$\|\nabla J_k\|$	$\nabla J_k^T p_k$	$\|p_k\|$	α_k
0	2	$0.00E+00$	$3.64E+04$	$4.03E+03$	$-3.64E+04$	$9.02E+00$	$1.00E+00$
1	3	$9.02E+00$	$1.30E+04$	$1.50E+03$	$-9.30E+03$	$6.19E+00$	$1.00E+00$
2	4	$1.44E+01$	$7.70E+03$	$6.48E+02$	$-2.10E+03$	$3.51E+00$	$1.00E+00$
3	5	$1.65E+01$	$6.34E+03$	$4.36E+02$	$-1.38E+03$	$3.81E+00$	$1.00E+00$
4	6	$1.83E+01$	$5.63E+03$	$3.09E+02$	$-4.41E+02$	$1.89E+00$	$1.00E+00$
5	7	$1.88E+01$	$5.35E+03$	$2.04E+02$	$-2.72E+02$	$1.83E+00$	$1.00E+00$
6	8	$1.93E+01$	$5.16E+03$	$1.71E+02$	$-3.22E+02$	$2.93E+00$	$1.00E+00$
7	9	$2.03E+01$	$4.96E+03$	$1.78E+02$	$-3.07E+02$	$3.29E+00$	$1.00E+00$
8	10	$2.19E+01$	$4.82E+03$	$2.13E+02$	$-1.52E+02$	$1.25E+00$	$1.00E+00$
9	11	$2.24E+01$	$4.72E+03$	$1.19E+02$	$-1.28E+02$	$1.68E+00$	$1.00E+00$
10	12	$2.30E+01$	$4.63E+03$	$1.03E+02$	$-1.00E+02$	$1.98E+00$	$1.00E+00$
11	13	$2.39E+01$	$4.56E+03$	$1.22E+02$	$-1.63E+02$	$3.55E+00$	$1.00E+00$
12	14	$2.57E+01$	$4.50E+03$	$1.64E+02$	$-8.29E+01$	$7.18E-01$	$1.00E+00$
13	15	$2.59E+01$	$4.45E+03$	$7.53E+01$	$-4.10E+01$	$7.20E-01$	$1.00E+00$
14	16	$2.61E+01$	$4.42E+03$	$7.09E+01$	$-4.78E+01$	$1.37E+00$	$1.00E+00$
0	3	$0.00E+00$	$8.79E+03$	$8.74E+02$	$-8.79E+03$	$1.00E+01$	$4.59E-01$
1	4	$4.61E+00$	$6.77E+03$	$5.56E+02$	$-1.16E+03$	$2.48E+00$	$1.00E+00$
2	5	$6.30E+00$	$6.05E+03$	$3.04E+02$	$-5.52E+02$	$2.19E+00$	$1.00E+00$
3	6	$7.89E+00$	$5.67E+03$	$2.33E+02$	$-5.52E+02$	$3.16E+00$	$1.00E+00$
4	7	$1.02E+01$	$5.37E+03$	$2.40E+02$	$-3.62E+02$	$2.50E+00$	$1.00E+00$
5	8	$1.18E+01$	$5.17E+03$	$1.95E+02$	$-1.67E+02$	$1.38E+00$	$1.00E+00$
6	9	$1.25E+01$	$5.05E+03$	$1.40E+02$	$-2.15E+02$	$2.42E+00$	$1.00E+00$
7	10	$1.37E+01$	$4.91E+03$	$1.34E+02$	$-1.73E+02$	$2.55E+00$	$1.00E+00$
8	11	$1.54E+01$	$4.82E+03$	$1.73E+02$	$-1.25E+02$	$1.86E+00$	$1.00E+00$
9	12	$1.67E+01$	$4.73E+03$	$1.06E+02$	$-1.10E+02$	$1.95E+00$	$1.00E+00$
10	13	$1.79E+01$	$4.66E+03$	$8.74E+01$	$-7.38E+01$	$1.68E+00$	$1.00E+00$
11	14	$1.89E+01$	$4.62E+03$	$9.72E+01$	$-7.82E+01$	$1.99E+00$	$1.00E+00$
12	15	$2.00E+01$	$4.57E+03$	$8.82E+01$	$-6.11E+01$	$1.57E+00$	$1.00E+00$
13	16	$2.09E+01$	$4.54E+03$	$8.27E+01$	$-3.88E+01$	$9.53E-01$	$1.00E+00$
14	17	$2.13E+01$	$4.51E+03$	$6.33E+01$	$-3.94E+01$	$1.22E+00$	$1.00E+00$
0	3	$0.00E+00$	$7.05E+03$	$6.82E+02$	$-7.05E+03$	$1.03E+01$	$2.90E-01$
1	4	$3.00E+00$	$6.03E+03$	$4.42E+02$	$-6.05E+02$	$1.63E+00$	$1.00E+00$
2	5	$4.12E+00$	$5.58E+03$	$2.79E+02$	$-6.96E+02$	$2.93E+00$	$1.00E+00$
3	6	$6.54E+00$	$5.15E+03$	$2.01E+02$	$-4.10E+02$	$2.75E+00$	$1.00E+00$
4	7	$8.69E+00$	$4.92E+03$	$2.43E+02$	$-3.22E+02$	$2.52E+00$	$1.00E+00$
5	8	$1.06E+01$	$4.74E+03$	$1.55E+02$	$-1.52E+02$	$1.53E+00$	$1.00E+00$
6	9	$1.15E+01$	$4.62E+03$	$1.22E+02$	$-1.95E+02$	$2.55E+00$	$1.00E+00$
7	10	$1.30E+01$	$4.51E+03$	$1.26E+02$	$-1.52E+02$	$2.31E+00$	$1.00E+00$
8	11	$1.45E+01$	$4.46E+03$	$1.72E+02$	$-7.49E+01$	$6.13E-01$	$1.00E+00$
9	12	$1.47E+01$	$4.40E+03$	$8.76E+01$	$-6.87E+01$	$1.19E+00$	$1.00E+00$
10	13	$1.53E+01$	$4.36E+03$	$7.36E+01$	$-4.75E+01$	$1.34E+00$	$1.00E+00$
11	14	$1.61E+01$	$4.32E+03$	$8.09E+01$	$-1.13E+02$	$3.30E+00$	$1.00E+00$
12	15	$1.82E+01$	$4.31E+03$	$2.23E+02$	$-1.04E+02$	$5.23E-01$	$1.00E+00$
13	16	$1.83E+01$	$4.25E+03$	$5.87E+01$	$-1.55E+01$	$2.97E-01$	$1.00E+00$

TABLE 17 – Formulation 3DFGAT ; code M1QN3 ; mode : DIS ; restart COLD

k	i_k	$\|x_k\|$	J_k	$\|\nabla J_k\|$	$\nabla J_k^T p_k$	$\|p_k\|$	α_k
0	2	$0.00E+00$	$3.64E+04$	$4.03E+03$	$-3.64E+04$	$9.02E+00$	$1.00E+00$
1	3	$9.02E+00$	$1.30E+04$	$1.50E+03$	$-9.30E+03$	$6.19E+00$	$1.00E+00$
2	4	$1.44E+01$	$7.70E+03$	$6.48E+02$	$-2.10E+03$	$3.51E+00$	$1.00E+00$
3	5	$1.65E+01$	$6.34E+03$	$4.36E+02$	$-1.38E+03$	$3.81E+00$	$1.00E+00$
4	6	$1.83E+01$	$5.63E+03$	$3.09E+02$	$-4.41E+02$	$1.89E+00$	$1.00E+00$
5	7	$1.88E+01$	$5.35E+03$	$2.04E+02$	$-2.72E+02$	$1.83E+00$	$1.00E+00$
6	8	$1.93E+01$	$5.16E+03$	$1.71E+02$	$-3.22E+02$	$2.93E+00$	$1.00E+00$
7	9	$2.03E+01$	$4.96E+03$	$1.78E+02$	$-3.07E+02$	$3.29E+00$	$1.00E+00$
8	10	$2.19E+01$	$4.82E+03$	$2.13E+02$	$-1.52E+02$	$1.25E+00$	$1.00E+00$
9	11	$2.24E+01$	$4.72E+03$	$1.19E+02$	$-1.28E+02$	$1.68E+00$	$1.00E+00$
10	12	$2.30E+01$	$4.63E+03$	$1.03E+02$	$-1.00E+02$	$1.98E+00$	$1.00E+00$
11	13	$2.39E+01$	$4.56E+03$	$1.22E+02$	$-1.63E+02$	$3.55E+00$	$1.00E+00$
12	14	$2.57E+01$	$4.50E+03$	$1.64E+02$	$-8.29E+01$	$7.18E-01$	$1.00E+00$
13	15	$2.59E+01$	$4.45E+03$	$7.53E+01$	$-4.10E+01$	$7.20E-01$	$1.00E+00$
14	16	$2.61E+01$	$4.42E+03$	$7.09E+01$	$-4.78E+01$	$1.37E+00$	$1.00E+00$
0	3	$0.00E+00$	$8.79E+03$	$8.74E+02$	$-1.14E+04$	$1.37E+01$	$3.78E-01$
1	4	$5.19E+00$	$6.63E+03$	$5.23E+02$	$-1.18E+03$	$2.76E+00$	$1.00E+00$
2	5	$6.95E+00$	$5.93E+03$	$2.87E+02$	$-4.58E+02$	$2.01E+00$	$1.00E+00$
3	6	$8.22E+00$	$5.60E+03$	$2.11E+02$	$-5.58E+02$	$3.62E+00$	$1.00E+00$
4	7	$1.07E+01$	$5.30E+03$	$2.27E+02$	$-3.73E+02$	$2.78E+00$	$1.00E+00$
5	8	$1.25E+01$	$5.15E+03$	$2.42E+02$	$-1.56E+02$	$9.11E-01$	$1.00E+00$
6	9	$1.27E+01$	$5.02E+03$	$1.39E+02$	$-1.99E+02$	$2.09E+00$	$1.00E+00$
7	10	$1.37E+01$	$4.90E+03$	$1.18E+02$	$-1.12E+02$	$1.89E+00$	$1.00E+00$
8	11	$1.49E+01$	$4.81E+03$	$1.23E+02$	$-2.78E+02$	$4.87E+00$	$1.00E+00$
9	12	$1.83E+01$	$4.77E+03$	$2.97E+02$	$-2.26E+02$	$8.76E-01$	$1.00E+00$
10	13	$1.86E+01$	$4.65E+03$	$8.00E+01$	$-3.18E+01$	$4.69E-01$	$1.00E+00$
11	14	$1.85E+01$	$4.62E+03$	$6.37E+01$	$-6.88E+01$	$1.53E+00$	$1.00E+00$
12	15	$1.91E+01$	$4.57E+03$	$7.62E+01$	$-8.80E+01$	$2.63E+00$	$1.00E+00$
13	16	$2.08E+01$	$4.55E+03$	$1.63E+02$	$-5.86E+01$	$7.94E-01$	$1.00E+00$
14	17	$2.12E+01$	$4.51E+03$	$6.64E+01$	$-2.96E+01$	$9.61E-01$	$1.00E+00$
0	2	$0.00E+00$	$7.05E+03$	$6.77E+02$	$-2.15E+03$	$3.42E+00$	$1.00E+00$
1	3	$3.42E+00$	$5.96E+03$	$4.13E+02$	$-5.88E+02$	$1.72E+00$	$1.00E+00$
2	4	$4.60E+00$	$5.54E+03$	$2.62E+02$	$-6.20E+02$	$2.78E+00$	$1.00E+00$
3	5	$6.71E+00$	$5.15E+03$	$2.03E+02$	$-4.45E+02$	$3.05E+00$	$1.00E+00$
4	6	$9.04E+00$	$4.91E+03$	$2.59E+02$	$-3.02E+02$	$2.27E+00$	$1.00E+00$
5	7	$1.06E+01$	$4.73E+03$	$1.48E+02$	$-1.45E+02$	$1.48E+00$	$1.00E+00$
6	8	$1.14E+01$	$4.62E+03$	$1.22E+02$	$-1.86E+02$	$2.53E+00$	$1.00E+00$
7	9	$1.30E+01$	$4.52E+03$	$1.31E+02$	$-1.76E+02$	$2.71E+00$	$1.00E+00$
8	10	$1.48E+01$	$4.48E+03$	$2.21E+02$	$-9.78E+01$	$5.03E-01$	$1.00E+00$
9	11	$1.47E+01$	$4.41E+03$	$8.81E+01$	$-4.93E+01$	$7.30E-01$	$1.00E+00$
10	12	$1.50E+01$	$4.37E+03$	$7.06E+01$	$-4.97E+01$	$1.28E+00$	$1.00E+00$
11	13	$1.57E+01$	$4.34E+03$	$8.33E+01$	$-8.09E+01$	$2.31E+00$	$1.00E+00$
12	15	$1.71E+01$	$4.28E+03$	$8.03E+01$	$-1.18E+02$	$4.12E+00$	$3.17E-01$
13	16	$1.79E+01$	$4.26E+03$	$1.08E+02$	$-4.82E+01$	$1.72E+00$	$1.00E+00$
14	17	$1.91E+01$	$4.23E+03$	$5.32E+01$	$-2.47E+01$	$1.02E+00$	$1.00E+00$

TABLE 18 – Formulation : 3DFGAT ; code : M1QN3 ; mode : DIS ; restart : WARM ;

k	i_k	$\|x_k\|$	J_k	$\|\nabla J_k\|$	$\nabla J_k^T p_k$	$\|p_k\|$	α_k
0	2	$0.00E+00$	$3.64E+04$	$4.03E+03$	$-3.64E+04$	$9.02E+00$	$1.39E+00$
1	3	$1.26E+01$	$1.10E+04$	$1.37E+03$	$-5.25E+03$	$4.05E+00$	$1.36E+00$
2	4	$1.53E+01$	$7.45E+03$	$7.30E+02$	$-1.58E+03$	$2.48E+00$	$1.74E+00$
3	5	$1.71E+01$	$6.08E+03$	$4.07E+02$	$-6.51E+02$	$1.90E+00$	$1.63E+00$
4	6	$1.82E+01$	$5.55E+03$	$2.88E+02$	$-3.55E+02$	$1.61E+00$	$1.50E+00$
5	7	$1.90E+01$	$5.28E+03$	$2.42E+02$	$-2.21E+02$	$1.35E+00$	$2.03E+00$
6	8	$2.00E+01$	$5.06E+03$	$2.04E+02$	$-1.86E+02$	$1.46E+00$	$1.78E+00$
7	9	$2.10E+01$	$4.89E+03$	$1.81E+02$	$-1.47E+02$	$1.41E+00$	$1.86E+00$
8	10	$2.21E+01$	$4.76E+03$	$1.60E+02$	$-1.19E+02$	$1.37E+00$	$1.81E+00$
9	11	$2.31E+01$	$4.65E+03$	$1.49E+02$	$-9.99E+01$	$1.33E+00$	$1.53E+00$
10	12	$2.40E+01$	$4.57E+03$	$1.35E+02$	$-6.95E+01$	$1.06E+00$	$1.92E+00$
11	13	$2.49E+01$	$4.50E+03$	$1.21E+02$	$-5.94E+01$	$1.03E+00$	$1.72E+00$
12	14	$2.57E+01$	$4.45E+03$	$1.07E+02$	$-4.48E+01$	$8.81E-01$	$1.98E+00$
13	15	$2.65E+01$	$4.41E+03$	$9.26E+01$	$-3.80E+01$	$8.53E-01$	$1.99E+00$
14	16	$2.73E+01$	$4.37E+03$	$8.36E+01$	$-3.40E+01$	$8.65E-01$	$1.63E+00$
0	2	$0.00E+00$	$8.72E+03$	$8.60E+02$	$-8.72E+03$	$1.01E+01$	$4.57E-01$
1	3	$4.64E+00$	$6.72E+03$	$5.50E+02$	$-1.16E+03$	$2.50E+00$	$1.29E+00$
2	4	$6.93E+00$	$5.97E+03$	$3.60E+02$	$-4.49E+02$	$1.58E+00$	$1.73E+00$
3	5	$8.64E+00$	$5.58E+03$	$3.02E+02$	$-3.21E+02$	$1.55E+00$	$1.74E+00$
4	6	$1.03E+01$	$5.31E+03$	$2.11E+02$	$-1.82E+02$	$1.23E+00$	$2.09E+00$
5	7	$1.18E+01$	$5.12E+03$	$1.95E+02$	$-1.75E+02$	$1.49E+00$	$1.61E+00$
6	8	$1.32E+01$	$4.97E+03$	$1.78E+02$	$-1.28E+02$	$1.31E+00$	$1.86E+00$
7	9	$1.47E+01$	$4.85E+03$	$1.59E+02$	$-1.06E+02$	$1.27E+00$	$1.82E+00$
8	10	$1.61E+01$	$4.76E+03$	$1.43E+02$	$-8.68E+01$	$1.20E+00$	$1.74E+00$
9	11	$1.74E+01$	$4.68E+03$	$1.20E+02$	$-6.22E+01$	$1.01E+00$	$1.97E+00$
10	12	$1.85E+01$	$4.62E+03$	$1.06E+02$	$-5.38E+01$	$1.01E+00$	$1.65E+00$
11	13	$1.95E+01$	$4.58E+03$	$9.82E+01$	$-4.10E+01$	$8.74E-01$	$1.86E+00$
12	14	$2.04E+01$	$4.54E+03$	$9.53E+01$	$-3.71E+01$	$8.81E-01$	$1.69E+00$
13	15	$2.12E+01$	$4.51E+03$	$8.39E+01$	$-2.74E+01$	$7.29E-01$	$2.04E+00$
14	16	$2.20E+01$	$4.48E+03$	$7.47E+01$	$-2.48E+01$	$7.36E-01$	$1.57E+00$
0	2	$0.00E+00$	$6.98E+03$	$6.77E+02$	$-6.98E+03$	$1.03E+01$	$2.88E-01$
1	3	$2.97E+00$	$5.97E+03$	$4.36E+02$	$-5.91E+02$	$1.61E+00$	$1.91E+00$
2	4	$5.31E+00$	$5.41E+03$	$3.52E+02$	$-4.45E+02$	$1.75E+00$	$1.57E+00$
3	5	$7.33E+00$	$5.06E+03$	$2.43E+02$	$-2.26E+02$	$1.29E+00$	$1.96E+00$
4	6	$9.00E+00$	$4.84E+03$	$2.16E+02$	$-1.95E+02$	$1.44E+00$	$1.77E+00$
5	7	$1.07E+01$	$4.66E+03$	$1.84E+02$	$-1.46E+02$	$1.33E+00$	$1.74E+00$
6	8	$1.22E+01$	$4.54E+03$	$1.49E+02$	$-1.01E+02$	$1.14E+00$	$1.65E+00$
7	9	$1.33E+01$	$4.45E+03$	$1.34E+02$	$-7.42E+01$	$1.01E+00$	$1.81E+00$
8	10	$1.44E+01$	$4.39E+03$	$1.14E+02$	$-5.66E+01$	$9.15E-01$	$2.07E+00$
9	11	$1.55E+01$	$4.33E+03$	$1.11E+02$	$-5.67E+01$	$1.05E+00$	$1.68E+00$
10	12	$1.65E+01$	$4.28E+03$	$9.81E+01$	$-4.19E+01$	$8.85E-01$	$1.60E+00$
11	13	$1.73E+01$	$4.25E+03$	$8.69E+01$	$-2.95E+01$	$7.11E-01$	$1.95E+00$
12	14	$1.81E+01$	$4.22E+03$	$8.40E+01$	$-2.79E+01$	$7.49E-01$	$1.81E+00$
13	15	$1.88E+01$	$4.19E+03$	$7.43E+01$	$-2.21E+01$	$6.65E-01$	$1.93E+00$
14	16	$1.95E+01$	$4.17E+03$	$6.42E+01$	$-1.83E+01$	$6.18E-01$	$1.92E+00$

TABLE 19 – Formulation : 3DFGAT ; code : M1QNW ; mode : SIS ; restart : COLD

157

k	i_k	$\|x_k\|$	J_k	$\|\nabla J_k\|$	$\nabla J_k^T p_k$	$\|p_k\|$	α_k
0	2	$0.00E+00$	$3.64E+04$	$4.03E+03$	$-3.64E+04$	$9.02E+00$	$1.39E+00$
1	3	$1.26E+01$	$1.10E+04$	$1.37E+03$	$-5.25E+03$	$4.05E+00$	$1.36E+00$
2	4	$1.53E+01$	$7.45E+03$	$7.30E+02$	$-1.58E+03$	$2.48E+00$	$1.74E+00$
3	5	$1.71E+01$	$6.08E+03$	$4.07E+02$	$-6.51E+02$	$1.90E+00$	$1.63E+00$
4	6	$1.82E+01$	$5.55E+03$	$2.88E+02$	$-3.55E+02$	$1.61E+00$	$1.50E+00$
5	7	$1.90E+01$	$5.28E+03$	$2.42E+02$	$-2.21E+02$	$1.35E+00$	$2.03E+00$
6	8	$2.00E+01$	$5.06E+03$	$2.04E+02$	$-1.86E+02$	$1.46E+00$	$1.78E+00$
7	9	$2.10E+01$	$4.89E+03$	$1.81E+02$	$-1.47E+02$	$1.41E+00$	$1.86E+00$
8	10	$2.21E+01$	$4.76E+03$	$1.60E+02$	$-1.19E+02$	$1.37E+00$	$1.81E+00$
9	11	$2.31E+01$	$4.65E+03$	$1.49E+02$	$-9.99E+01$	$1.33E+00$	$1.53E+00$
10	12	$2.40E+01$	$4.57E+03$	$1.35E+02$	$-6.95E+01$	$1.06E+00$	$1.92E+00$
11	13	$2.49E+01$	$4.50E+03$	$1.21E+02$	$-5.94E+01$	$1.03E+00$	$1.72E+00$
12	14	$2.57E+01$	$4.45E+03$	$1.07E+02$	$-4.48E+01$	$8.81E-01$	$1.98E+00$
13	15	$2.65E+01$	$4.41E+03$	$9.26E+01$	$-3.80E+01$	$8.53E-01$	$1.99E+00$
14	16	$2.73E+01$	$4.37E+03$	$8.36E+01$	$-3.40E+01$	$8.65E-01$	$1.63E+00$
0	2	$0.00E+00$	$8.72E+03$	$8.60E+02$	$-3.03E+03$	$3.87E+00$	$1.43E+00$
1	3	$5.52E+00$	$6.55E+03$	$4.66E+02$	$-9.78E+02$	$2.39E+00$	$1.41E+00$
2	4	$7.54E+00$	$5.86E+03$	$3.35E+02$	$-4.72E+02$	$1.88E+00$	$1.70E+00$
3	5	$9.28E+00$	$5.46E+03$	$2.38E+02$	$-2.69E+02$	$1.56E+00$	$1.75E+00$
4	6	$1.09E+01$	$5.23E+03$	$2.18E+02$	$-2.16E+02$	$1.61E+00$	$1.52E+00$
5	7	$1.24E+01$	$5.06E+03$	$1.81E+02$	$-1.32E+02$	$1.22E+00$	$2.25E+00$
6	8	$1.40E+01$	$4.91E+03$	$1.70E+02$	$-1.39E+02$	$1.52E+00$	$1.47E+00$
7	9	$1.53E+01$	$4.81E+03$	$1.46E+02$	$-8.75E+01$	$1.13E+00$	$2.23E+00$
8	10	$1.68E+01$	$4.71E+03$	$1.26E+02$	$-8.30E+01$	$1.26E+00$	$1.54E+00$
9	11	$1.80E+01$	$4.65E+03$	$1.14E+02$	$-5.83E+01$	$1.02E+00$	$1.83E+00$
10	12	$1.91E+01$	$4.60E+03$	$1.01E+02$	$-4.65E+01$	$9.37E-01$	$1.73E+00$
11	13	$2.00E+01$	$4.56E+03$	$9.58E+01$	$-3.89E+01$	$8.82E-01$	$1.89E+00$
12	14	$2.09E+01$	$4.52E+03$	$8.63E+01$	$-3.29E+01$	$8.35E-01$	$1.76E+00$
13	15	$2.17E+01$	$4.49E+03$	$7.86E+01$	$-2.65E+01$	$7.52E-01$	$1.64E+00$
14	16	$2.23E+01$	$4.47E+03$	$7.28E+01$	$-1.99E+01$	$6.34E-01$	$1.76E+00$
0	2	$0.00E+00$	$6.95E+03$	$6.70E+02$	$-1.92E+03$	$3.36E+00$	$1.20E+00$
1	3	$4.04E+00$	$5.80E+03$	$3.54E+02$	$-5.09E+02$	$1.64E+00$	$2.11E+00$
2	4	$6.32E+00$	$5.26E+03$	$3.06E+02$	$-4.53E+02$	$2.15E+00$	$1.35E+00$
3	5	$7.99E+00$	$4.96E+03$	$2.26E+02$	$-2.15E+02$	$1.38E+00$	$1.85E+00$
4	6	$9.61E+00$	$4.76E+03$	$2.04E+02$	$-1.79E+02$	$1.46E+00$	$1.80E+00$
5	7	$1.14E+01$	$4.60E+03$	$1.68E+02$	$-1.31E+02$	$1.32E+00$	$1.49E+00$
6	8	$1.26E+01$	$4.50E+03$	$1.43E+02$	$-8.31E+01$	$1.03E+00$	$2.17E+00$
7	9	$1.39E+01$	$4.41E+03$	$1.15E+02$	$-7.12E+01$	$1.07E+00$	$1.67E+00$
8	10	$1.49E+01$	$4.35E+03$	$1.13E+02$	$-5.89E+01$	$1.03E+00$	$1.88E+00$
9	11	$1.61E+01$	$4.29E+03$	$9.97E+01$	$-4.86E+01$	$9.81E-01$	$1.62E+00$
10	12	$1.70E+01$	$4.25E+03$	$9.64E+01$	$-3.82E+01$	$8.69E-01$	$1.66E+00$
11	13	$1.78E+01$	$4.22E+03$	$8.35E+01$	$-2.73E+01$	$6.96E-01$	$1.90E+00$
12	14	$1.85E+01$	$4.20E+03$	$7.64E+01$	$-2.36E+01$	$6.79E-01$	$1.90E+00$
13	15	$1.92E+01$	$4.17E+03$	$6.82E+01$	$-1.97E+01$	$6.35E-01$	$1.87E+00$
14	16	$1.98E+01$	$4.15E+03$	$6.52E+01$	$-1.76E+01$	$6.33E-01$	$1.76E+00$

TABLE 20 − Formulation : 3DFGAT ; code : M1QNW ; mode : SIS ; restart : WARM

k	i_k	$\|x_k\|$	J_k	$\|\nabla J_k\|$	$\nabla J_k^T p_k$	$\|p_k\|$	α_k
0	2	$0.00E+00$	$3.64E+04$	$4.03E+03$	$-3.64E+04$	$9.02E+00$	$1.39E+00$
1	3	$1.26E+01$	$1.10E+04$	$1.37E+03$	$-5.25E+03$	$4.05E+00$	$1.36E+00$
2	4	$1.53E+01$	$7.45E+03$	$7.30E+02$	$-1.58E+03$	$2.48E+00$	$1.74E+00$
3	5	$1.71E+01$	$6.08E+03$	$4.07E+02$	$-6.51E+02$	$1.90E+00$	$1.63E+00$
4	6	$1.82E+01$	$5.55E+03$	$2.88E+02$	$-3.55E+02$	$1.61E+00$	$1.50E+00$
5	7	$1.90E+01$	$5.28E+03$	$2.42E+02$	$-2.21E+02$	$1.35E+00$	$2.03E+00$
6	8	$2.00E+01$	$5.06E+03$	$2.04E+02$	$-1.86E+02$	$1.46E+00$	$1.78E+00$
7	9	$2.10E+01$	$4.89E+03$	$1.81E+02$	$-1.47E+02$	$1.41E+00$	$1.86E+00$
8	10	$2.21E+01$	$4.76E+03$	$1.60E+02$	$-1.19E+02$	$1.37E+00$	$1.81E+00$
9	11	$2.31E+01$	$4.65E+03$	$1.48E+02$	$-9.98E+01$	$1.33E+00$	$1.54E+00$
10	12	$2.40E+01$	$4.57E+03$	$1.35E+02$	$-6.97E+01$	$1.06E+00$	$1.91E+00$
11	13	$2.49E+01$	$4.50E+03$	$1.21E+02$	$-5.94E+01$	$1.03E+00$	$1.72E+00$
12	14	$2.57E+01$	$4.45E+03$	$1.07E+02$	$-4.47E+01$	$8.79E-01$	$1.98E+00$
13	15	$2.65E+01$	$4.41E+03$	$9.25E+01$	$-3.80E+01$	$8.54E-01$	$2.00E+00$
14	16	$2.73E+01$	$4.37E+03$	$8.33E+01$	$-3.40E+01$	$8.66E-01$	$1.65E+00$
0	2	$0.00E+00$	$8.71E+03$	$8.60E+02$	$-8.71E+03$	$1.01E+01$	$4.57E-01$
1	3	$4.63E+00$	$6.72E+03$	$5.51E+02$	$-1.16E+03$	$2.50E+00$	$1.29E+00$
2	4	$6.93E+00$	$5.97E+03$	$3.60E+02$	$-4.49E+02$	$1.58E+00$	$1.73E+00$
3	5	$8.64E+00$	$5.58E+03$	$3.02E+02$	$-3.21E+02$	$1.55E+00$	$1.73E+00$
4	6	$1.03E+01$	$5.31E+03$	$2.11E+02$	$-1.82E+02$	$1.23E+00$	$2.09E+00$
5	7	$1.18E+01$	$5.11E+03$	$1.95E+02$	$-1.76E+02$	$1.49E+00$	$1.61E+00$
6	8	$1.32E+01$	$4.97E+03$	$1.78E+02$	$-1.28E+02$	$1.31E+00$	$1.86E+00$
7	9	$1.47E+01$	$4.85E+03$	$1.59E+02$	$-1.06E+02$	$1.27E+00$	$1.82E+00$
8	10	$1.61E+01$	$4.76E+03$	$1.43E+02$	$-8.69E+01$	$1.21E+00$	$1.74E+00$
9	11	$1.74E+01$	$4.68E+03$	$1.20E+02$	$-6.23E+01$	$1.01E+00$	$1.97E+00$
10	12	$1.85E+01$	$4.62E+03$	$1.06E+02$	$-5.39E+01$	$1.01E+00$	$1.65E+00$
11	13	$1.95E+01$	$4.58E+03$	$9.82E+01$	$-4.11E+01$	$8.77E-01$	$1.85E+00$
12	14	$2.04E+01$	$4.54E+03$	$9.55E+01$	$-3.70E+01$	$8.80E-01$	$1.69E+00$
13	15	$2.12E+01$	$4.51E+03$	$8.37E+01$	$-2.72E+01$	$7.24E-01$	$2.05E+00$
14	16	$2.20E+01$	$4.48E+03$	$7.44E+01$	$-2.46E+01$	$7.34E-01$	$1.58E+00$
0	2	$0.00E+00$	$6.98E+03$	$6.77E+02$	$-6.98E+03$	$1.03E+01$	$2.88E-01$
1	3	$2.97E+00$	$5.97E+03$	$4.36E+02$	$-5.91E+02$	$1.61E+00$	$1.91E+00$
2	4	$5.31E+00$	$5.41E+03$	$3.52E+02$	$-4.45E+02$	$1.75E+00$	$1.57E+00$
3	5	$7.33E+00$	$5.06E+03$	$2.43E+02$	$-2.26E+02$	$1.29E+00$	$1.96E+00$
4	6	$9.00E+00$	$4.83E+03$	$2.16E+02$	$-1.95E+02$	$1.44E+00$	$1.77E+00$
5	7	$1.07E+01$	$4.66E+03$	$1.84E+02$	$-1.46E+02$	$1.33E+00$	$1.74E+00$
6	8	$1.22E+01$	$4.53E+03$	$1.49E+02$	$-1.01E+02$	$1.14E+00$	$1.66E+00$
7	9	$1.33E+01$	$4.45E+03$	$1.34E+02$	$-7.43E+01$	$1.01E+00$	$1.81E+00$
8	10	$1.44E+01$	$4.38E+03$	$1.14E+02$	$-5.66E+01$	$9.16E-01$	$2.07E+00$
9	11	$1.55E+01$	$4.33E+03$	$1.10E+02$	$-5.67E+01$	$1.05E+00$	$1.69E+00$
10	12	$1.65E+01$	$4.28E+03$	$9.72E+01$	$-4.19E+01$	$8.89E-01$	$1.61E+00$
11	13	$1.73E+01$	$4.24E+03$	$8.64E+01$	$-2.97E+01$	$7.18E-01$	$1.95E+00$
12	14	$1.81E+01$	$4.21E+03$	$8.39E+01$	$-2.81E+01$	$7.58E-01$	$1.76E+00$
13	15	$1.88E+01$	$4.19E+03$	$7.45E+01$	$-2.18E+01$	$6.58E-01$	$1.93E+00$
14	16	$1.95E+01$	$4.17E+03$	$6.42E+01$	$-1.79E+01$	$6.08E-01$	$1.95E+00$

TABLE 21 – Formulation : 3DFGAT ; code : M1QNW ; mode : DIS ; restart : COLD

k	i_k	$\|x_k\|$	J_k	$\|\nabla J_k\|$	$\nabla J_k^T p_k$	$\|p_k\|$	α_k
0	2	$0.00E+00$	$3.64E+04$	$4.03E+03$	$-3.64E+04$	$9.02E+00$	$1.39E+00$
1	3	$1.26E+01$	$1.10E+04$	$1.37E+03$	$-5.25E+03$	$4.05E+00$	$1.36E+00$
2	4	$1.53E+01$	$7.45E+03$	$7.30E+02$	$-1.58E+03$	$2.48E+00$	$1.74E+00$
3	5	$1.71E+01$	$6.08E+03$	$4.07E+02$	$-6.51E+02$	$1.90E+00$	$1.63E+00$
4	6	$1.82E+01$	$5.55E+03$	$2.88E+02$	$-3.55E+02$	$1.61E+00$	$1.50E+00$
5	7	$1.90E+01$	$5.28E+03$	$2.42E+02$	$-2.21E+02$	$1.35E+00$	$2.03E+00$
6	8	$2.00E+01$	$5.06E+03$	$2.04E+02$	$-1.86E+02$	$1.46E+00$	$1.78E+00$
7	9	$2.10E+01$	$4.89E+03$	$1.81E+02$	$-1.47E+02$	$1.41E+00$	$1.86E+00$
8	10	$2.21E+01$	$4.76E+03$	$1.60E+02$	$-1.19E+02$	$1.37E+00$	$1.81E+00$
9	11	$2.31E+01$	$4.65E+03$	$1.48E+02$	$-9.98E+01$	$1.33E+00$	$1.54E+00$
10	12	$2.40E+01$	$4.57E+03$	$1.35E+02$	$-6.97E+01$	$1.06E+00$	$1.91E+00$
11	13	$2.49E+01$	$4.50E+03$	$1.21E+02$	$-5.94E+01$	$1.03E+00$	$1.72E+00$
12	14	$2.57E+01$	$4.45E+03$	$1.07E+02$	$-4.47E+01$	$8.79E-01$	$1.98E+00$
13	15	$2.65E+01$	$4.41E+03$	$9.25E+01$	$-3.80E+01$	$8.54E-01$	$2.00E+00$
14	16	$2.73E+01$	$4.37E+03$	$8.33E+01$	$-3.40E+01$	$8.66E-01$	$1.65E+00$
0	2	$0.00E+00$	$8.71E+03$	$8.60E+02$	$-3.08E+03$	$3.92E+00$	$1.41E+00$
1	3	$5.51E+00$	$6.55E+03$	$4.67E+02$	$-9.81E+02$	$2.40E+00$	$1.39E+00$
2	4	$7.54E+00$	$5.86E+03$	$3.35E+02$	$-4.68E+02$	$1.87E+00$	$1.72E+00$
3	5	$9.28E+00$	$5.46E+03$	$2.40E+02$	$-2.72E+02$	$1.57E+00$	$1.70E+00$
4	6	$1.09E+01$	$5.23E+03$	$2.20E+02$	$-2.13E+02$	$1.57E+00$	$1.56E+00$
5	7	$1.24E+01$	$5.06E+03$	$1.82E+02$	$-1.32E+02$	$1.22E+00$	$2.24E+00$
6	8	$1.39E+01$	$4.92E+03$	$1.72E+02$	$-1.39E+02$	$1.52E+00$	$1.50E+00$
7	9	$1.53E+01$	$4.81E+03$	$1.45E+02$	$-8.87E+01$	$1.14E+00$	$2.21E+00$
8	10	$1.68E+01$	$4.71E+03$	$1.26E+02$	$-8.32E+01$	$1.27E+00$	$1.58E+00$
9	11	$1.80E+01$	$4.65E+03$	$1.13E+02$	$-6.00E+01$	$1.05E+00$	$1.78E+00$
10	12	$1.91E+01$	$4.60E+03$	$1.01E+02$	$-4.71E+01$	$9.49E-01$	$1.75E+00$
11	13	$2.00E+01$	$4.55E+03$	$9.41E+01$	$-3.86E+01$	$8.78E-01$	$1.95E+00$
12	14	$2.09E+01$	$4.52E+03$	$8.40E+01$	$-3.34E+01$	$8.60E-01$	$1.78E+00$
13	15	$2.18E+01$	$4.49E+03$	$7.37E+01$	$-2.62E+01$	$7.61E-01$	$1.73E+00$
14	16	$2.24E+01$	$4.46E+03$	$7.15E+01$	$-2.19E+01$	$7.08E-01$	$1.37E+00$
0	2	$0.00E+00$	$6.97E+03$	$6.83E+02$	$-1.77E+03$	$3.19E+00$	$1.26E+00$
1	3	$4.00E+00$	$5.86E+03$	$3.70E+02$	$-5.21E+02$	$1.59E+00$	$2.08E+00$
2	4	$6.14E+00$	$5.32E+03$	$3.21E+02$	$-4.74E+02$	$2.22E+00$	$1.39E+00$
3	5	$7.73E+00$	$4.99E+03$	$2.24E+02$	$-2.21E+02$	$1.38E+00$	$1.90E+00$
4	6	$9.41E+00$	$4.78E+03$	$2.14E+02$	$-1.99E+02$	$1.57E+00$	$1.59E+00$
5	7	$1.11E+01$	$4.62E+03$	$1.76E+02$	$-1.32E+02$	$1.28E+00$	$1.66E+00$
6	8	$1.24E+01$	$4.51E+03$	$1.49E+02$	$-9.05E+01$	$1.08E+00$	$1.84E+00$
7	9	$1.36E+01$	$4.43E+03$	$1.29E+02$	$-7.18E+01$	$1.01E+00$	$1.65E+00$
8	10	$1.46E+01$	$4.37E+03$	$1.18E+02$	$-5.35E+01$	$8.85E-01$	$2.09E+00$
9	11	$1.56E+01$	$4.31E+03$	$1.05E+02$	$-5.01E+01$	$9.62E-01$	$1.91E+00$
10	12	$1.67E+01$	$4.26E+03$	$9.43E+01$	$-4.28E+01$	$9.55E-01$	$1.65E+00$
11	13	$1.76E+01$	$4.23E+03$	$8.09E+01$	$-3.07E+01$	$7.68E-01$	$1.99E+00$
12	14	$1.84E+01$	$4.20E+03$	$7.79E+01$	$-2.92E+01$	$8.25E-01$	$1.55E+00$
13	15	$1.91E+01$	$4.17E+03$	$6.85E+01$	$-1.93E+01$	$6.15E-01$	$2.07E+00$
14	16	$1.97E+01$	$4.15E+03$	$6.44E+01$	$-1.88E+01$	$6.70E-01$	$1.69E+00$

TABLE 22 – Formulation : 3DFGAT ; code : M1QNW ; mode : DIS ; restart : WARM

k	i_k	$\|x_k\|$	J_k	$\|\nabla J_k\|$	$\nabla J_k^T p_k$	$\|p_k\|$	α_k
0	3	$0.00E+00$	$3.64E+04$	$4.03E+03$	$-1.63E+07$	$4.03E+03$	$1.24E-03$
1	4	$5.00E+00$	$2.02E+04$	$2.49E+03$	$-2.37E+04$	$9.67E+00$	$1.00E+00$
2	5	$1.44E+01$	$7.70E+03$	$6.48E+02$	$-1.64E+03$	$2.70E+00$	$1.00E+00$
3	6	$1.59E+01$	$6.51E+03$	$4.37E+02$	$-1.76E+03$	$4.53E+00$	$1.00E+00$
4	7	$1.84E+01$	$5.66E+03$	$3.27E+02$	$-5.60E+02$	$2.17E+00$	$1.00E+00$
5	8	$1.90E+01$	$5.36E+03$	$2.49E+02$	$-2.00E+02$	$1.16E+00$	$1.00E+00$
6	9	$1.91E+01$	$5.20E+03$	$1.80E+02$	$-4.15E+02$	$3.26E+00$	$1.00E+00$
7	10	$2.02E+01$	$4.96E+03$	$1.72E+02$	$-2.34E+02$	$2.49E+00$	$1.00E+00$
8	11	$2.14E+01$	$4.85E+03$	$2.03E+02$	$-1.18E+02$	$1.23E+00$	$1.00E+00$
9	12	$2.20E+01$	$4.75E+03$	$1.33E+02$	$-2.13E+02$	$2.82E+00$	$1.00E+00$
10	13	$2.33E+01$	$4.62E+03$	$1.08E+02$	$-1.02E+02$	$1.95E+00$	$1.00E+00$
11	14	$2.42E+01$	$4.57E+03$	$1.52E+02$	$-7.85E+01$	$1.50E+00$	$1.00E+00$
12	15	$2.49E+01$	$4.51E+03$	$1.01E+02$	$-1.10E+02$	$2.30E+00$	$1.00E+00$
13	16	$2.59E+01$	$4.45E+03$	$8.72E+01$	$-6.60E+01$	$1.61E+00$	$1.00E+00$
14	17	$2.66E+01$	$4.42E+03$	$1.10E+02$	$-3.45E+01$	$6.84E-01$	$1.00E+00$
0	2	$0.00E+00$	$8.74E+03$	$8.72E+02$	$-7.60E+05$	$8.72E+02$	$1.15E-03$
1	3	$1.00E+00$	$7.97E+03$	$6.92E+02$	$-3.59E+03$	$5.32E+00$	$1.00E+00$
2	4	$6.26E+00$	$6.03E+03$	$3.04E+02$	$-6.40E+02$	$2.41E+00$	$1.00E+00$
3	5	$7.95E+00$	$5.68E+03$	$3.43E+02$	$-4.13E+02$	$2.06E+00$	$1.00E+00$
4	6	$9.47E+00$	$5.39E+03$	$1.95E+02$	$-3.27E+02$	$2.43E+00$	$1.00E+00$
5	7	$1.11E+01$	$5.18E+03$	$1.50E+02$	$-2.35E+02$	$2.44E+00$	$1.00E+00$
6	8	$1.27E+01$	$5.04E+03$	$1.89E+02$	$-1.92E+02$	$2.19E+00$	$1.00E+00$
7	9	$1.40E+01$	$4.92E+03$	$1.36E+02$	$-1.60E+02$	$2.13E+00$	$1.00E+00$
8	10	$1.52E+01$	$4.81E+03$	$1.15E+02$	$-1.59E+02$	$2.55E+00$	$1.00E+00$
9	11	$1.67E+01$	$4.73E+03$	$1.34E+02$	$-1.01E+02$	$1.64E+00$	$1.00E+00$
10	12	$1.76E+01$	$4.66E+03$	$9.59E+01$	$-8.10E+01$	$1.61E+00$	$1.00E+00$
11	13	$1.86E+01$	$4.61E+03$	$7.87E+01$	$-7.16E+01$	$1.83E+00$	$1.00E+00$
12	14	$1.97E+01$	$4.56E+03$	$9.41E+01$	$-6.23E+01$	$1.71E+00$	$1.00E+00$
13	15	$2.07E+01$	$4.53E+03$	$8.21E+01$	$-4.04E+01$	$1.09E+00$	$1.00E+00$
14	16	$2.13E+01$	$4.50E+03$	$6.10E+01$	$-4.46E+01$	$1.44E+00$	$1.00E+00$
0	2	$0.00E+00$	$6.99E+03$	$6.78E+02$	$-4.59E+05$	$6.78E+02$	$1.48E-03$
1	3	$1.00E+00$	$6.43E+03$	$4.74E+02$	$-1.49E+03$	$3.16E+00$	$1.00E+00$
2	4	$4.09E+00$	$5.54E+03$	$2.78E+02$	$-4.93E+02$	$2.19E+00$	$1.00E+00$
3	5	$5.93E+00$	$5.20E+03$	$2.55E+02$	$-6.42E+02$	$3.79E+00$	$1.00E+00$
4	6	$9.19E+00$	$4.93E+03$	$2.79E+02$	$-2.72E+02$	$1.34E+00$	$1.00E+00$
5	7	$9.81E+00$	$4.76E+03$	$1.47E+02$	$-1.44E+02$	$1.29E+00$	$1.00E+00$
6	8	$1.04E+01$	$4.65E+03$	$1.38E+02$	$-2.04E+02$	$2.56E+00$	$1.00E+00$
7	10	$1.20E+01$	$4.52E+03$	$1.42E+02$	$-2.55E+02$	$3.78E+00$	$4.51E-01$
8	11	$1.32E+01$	$4.46E+03$	$1.53E+02$	$-8.02E+01$	$1.37E+00$	$1.00E+00$
9	12	$1.43E+01$	$4.40E+03$	$8.94E+01$	$-7.12E+01$	$1.47E+00$	$1.00E+00$
10	13	$1.53E+01$	$4.35E+03$	$8.02E+01$	$-7.34E+01$	$1.81E+00$	$1.00E+00$
11	14	$1.63E+01$	$4.31E+03$	$1.10E+02$	$-7.70E+01$	$2.03E+00$	$1.00E+00$
12	15	$1.75E+01$	$4.27E+03$	$9.34E+01$	$-3.85E+01$	$7.96E-01$	$1.00E+00$
13	16	$1.78E+01$	$4.24E+03$	$5.98E+01$	$-4.30E+01$	$1.14E+00$	$1.00E+00$
14	17	$1.82E+01$	$4.21E+03$	$6.13E+01$	$-2.87E+01$	$1.12E+00$	$1.00E+00$

TABLE 23 – Formulation : 3DFGAT ; code : LBFGS